100种青岛人身边的植物

江灏 曲志霞 仉琨 著

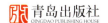
青岛出版社
QINGDAO PUBLISHING HOUSE

图书在版编目（CIP）数据

100种青岛人身边的植物 / 江灏, 曲志霞, 仉珉著. --青岛：青岛出版社, 2017.3
（自然青岛）

ISBN 978-7-5552-5273-3

Ⅰ.①1… Ⅱ.①江… ②曲… ③仉… Ⅲ.①植物—青岛—少儿读物 Ⅳ.
①Q948.525.23-49

中国版本图书馆CIP数据核字(2017)第038931号

书　　名	自然青岛：100种青岛人身边的植物
著　　者	江　灏　曲志霞　仉　珉
出版发行	青岛出版社
社　　址	青岛市海尔路182号（266061）
本社网址	http://www.qdpub.com
邮购电话	13335059110　0532-85814750（传真）　0532-68068026
策划编辑	马克刚
责任编辑	王　宁　张佳妮
特约编辑	刘百玉　王德全　宋总业
封面设计	「知世」书籍装帧设计
装帧设计	杨晓雯　宋修仪
印　　刷	青岛炜瑞印务有限公司
出版日期	2017年5月第1版　2017年5月第1次印刷
开　　本	16开（710mm×1010mm）
印　　张	14
字　　数	100千
图　　数	231
印　　数	1-5000
书　　号	ISBN 978-7-5552-5273-3
定　　价	39.80元

编校印装质量、盗版监督服务电话：4006532017　0532-68068638
建议陈列类别：科普类

序言

青岛市植物资源概况

青岛地处山东半岛南部,位于东经119°30′~121°00′、北纬35°35′~37°09′,地处植物生长的南北过渡地带,为亚热带之终、温带之始。青岛东、南、西三面临海,为海滨丘陵城市,地势东高西低,南北两侧隆起,中间低凹,其空气湿润,气候温暖,霜冻期短,为园林植物提供了较好的外部生长环境。

青岛得天独厚的地理位置和自然环境给多种植物的生长提供了有利条件,加之与海内外其他地区的交流历史悠久,特别是19世纪末20世纪初,青岛大量引入国外植物品种,使植物种类丰富,成为同纬度地区植物种类和组成植被建群种最多的地区。青岛的植物区系成分除占优势的华北成分外还有东北成分、日本成分和亚热带成分,植物品种已达1000种以上。

据调查统计,目前青岛市有植物资源种类152科654属1237种及其变种(不含温室栽培种及花卉栽培类型)。其中原生木本植物区系共有66科136属332种,分别占山东省木本植物区系科、属、种总数的93%、84%和80.2%,青岛老鹳草、青岛薹草、胶州卫矛、青岛百合四种植物为青岛特有珍稀植物。

1988年3月,青岛市人民代表大会正式确定雪松为青岛市的"市树",山茶(耐冬)、月季为青岛市的"市花"。这其中,除耐冬为青岛原生植物外,雪松和月季均为引入品种。青岛地区是南北方植物引种的过渡地带,有着"中继站"的作用,可以通过引种驯化把城市装扮得更加美丽。早在20世纪初,青岛市建立了国内最早的近现代树种繁育试验场,开始了引种驯化繁殖试验,这也奠定了青岛市绿化的基础。在这些引进品种中,青岛市民俗称"洋槐"的刺槐和俗称"法国梧桐"的悬铃木,就是那时来到岛城的。

植物是大自然赐予我们的优良资源，青岛植物资源丰盛，具体如下：

1. 纤维植物： 青岛市有该类植物 90 余种，如桑、大叶苎麻、细野麻、罗布麻等，它们是造纸、纺织等的重要原料。

2. 淀粉植物： 青岛市有该类植物 90 余种，主要为壳斗科、禾本科、天南星科的植物，它们富含淀粉及其他糖类，可供食用或工业用。

3. 油脂植物： 青岛市有该类植物 120 余种，它们既是日常生活的必需品，也是重要的工业原料，可用于医药、食品、造纸、化工、橡胶等。

4. 鞣料植物： 青岛市有该类植物 50 余种，它们单宁含量丰富，通常其皮、干、根、叶、果实可用于鞣革。

5. 芳香油类植物： 青岛市有该类植物 65 种，以唇形科、芸香科、柏科、菊科等为主，它们含有挥发性强和香味浓郁的芳香油，可广泛应用于多种工业。

6. 药用植物： 青岛市有该类植物 300 余种，主要指医学上用于防病、治病的植物，包括用作营养剂、某些嗜好品、调味品、色素添加剂及农药和兽医用药的植物。

7. 蜜源植物： 青岛市有该类植物 200 余种，它们能为蜜蜂提供蜜源。

8. 固沙保土植物： 青岛市有该类植物 90 余种，它们有的能在土层很薄的岩缝上生长，是聚土、保土的先锋植物；有的能防止地面被水冲刷，是重要的保水、保土植物。

大自然丰厚的馈赠，再加上一代代青岛人的努力，创造出了"红瓦绿树，碧海蓝天"的美丽青岛。让我们好好爱护身边的植物，为维护青岛良好生态环境贡献自己的一份力量吧！

植物相关名词解释

裸子植物： 是原始的种子植物，其发展历史悠久。最初的裸子植物出现在古生代，在中生代至新生代，它们是遍布各大陆的主要植物。裸子植物是地球上最早用种子进行有性繁殖的植物类型，而在此之前出现的藻类和蕨类都是以孢子进行有性繁殖的。所以，裸子植物的优越性就主要表现在用种子繁殖上。

被子植物： 大约1亿年前，裸子植物由盛而衰，被子植物发展起来，成为地球上分布最广、种类最多的植物。被子植物也叫显花植物、有花植物，它们拥有真正的花，这些美丽的花是它们繁殖后代的重要器官，也是它们区别于裸子植物及其他植物的显著特征。被子植物是植物界中种类最多、分布最广、最大和最高级的一类植物。

裸子植物和被子植物的区别

1. 看花朵： 裸子植物一般没有明显的花朵，更没有五彩缤纷的花朵。相反，被子植物的花朵种类繁多、五彩缤纷，所以又称作显花植物。

2. 看叶子： 裸子植物的叶子通常狭小，呈针形、鳞形、条形、锥形等。其他少数裸子植物叶片稍宽一些，也仅仅呈狭披针形。但这一小部分叶片稍宽的裸子植物也不会同被子植物相混，因为这些裸子植物的叶脉除中脉外，侧脉都不明显，叶片质地也较厚，都是常绿植物，仅极少数为扁平的阔叶。叶在长枝上呈螺旋状排列，在短枝上簇生于枝顶。而被子植物的叶子以宽叶为主，属于湿润性植物，叶片形态与裸子植物的区别很大。

3. 看果实：裸子植物的胚珠外面没有子房壁包被，没有果皮，种子是裸露的。而被子植物正好相反，它的种子生在果实里面，只有当果实成熟后裂开，它的种子才露出，如苹果、大豆等。

4. 看是草本植物还是木本植物：如果是草本植物，那毫无疑问，一定是被子植物，因为裸子植物全部是木本植物。裸子植物为多年生木本植物，大多为单轴分枝的高大乔木，少为灌木，稀为藤本。被子植物则形态各异，包括高大的乔木、矮小的灌木及一些草本植物。本书中收录的大部分植物都属于被子植物。

草本植物：是指具有木质部不甚发达的草质或肉质的茎，其地上部分大都于当年枯萎的植物体。按生活周期的长短，草本植物可分为一年生、二年生和多年生草本植物。多数草本植物在生长季节终了时，其整体部分会死亡，如水稻、萝卜等。多年生草本植物的地上部分每年死去，而地下部分的根、根状茎及鳞茎等能存活多年，如天竺葵等。

木本植物：是指根和茎因增粗生长形成大量的木质部，而细胞壁也多数木质化的坚固的植物。木本植物植物体木质部发达，茎坚硬，为多年生。

草本植物和木本植物的区别

草本植物和木本植物最显著的区别在于它们茎的结构。茎质地柔软、木质部不发达，具有"草质茎"的植物被称为草本植物。反之，木质部发达、茎坚硬的植物为木本植物。人们通常称草本植物为"草"，而称木本植物为"树"。

针叶植物： 针叶植物是至今仍存活于地球上的史前植物，通常全年长青，结球果并具针状叶以适应气候的变化，借风力授粉。针叶有厚的角质层，气孔稀疏且下陷，能够减少植物因蒸腾作用而流失的水分，使得植物更加耐寒。所以，针叶植物比阔叶植物更适宜在寒带生长。常见的针叶植物有雪松、桧柏、柳杉等。另外，针叶植物的叶面都附有一层油脂层，所以都比较耐旱。

阔叶植物： 阔叶植物是相对于针叶植物而言的，人们把松、柏、衫等叶片狭长似针样的植物称为针叶植物，把其他的叶片比较宽阔的植物称为阔叶植物。

乔木： 是指树身高大，树干和树冠有明显区分，有一个直立主干，且通常高达6米至数十米的木本植物。乔木可依其高度分为伟乔（31米以上）、大乔（21~30米）、中乔（11~20米）、小乔（6~10米）四级。我们通常见到的高大树木都是乔木，如木棉、松树、玉兰等。

灌木： 指那些没有明显的主干、呈丛生状态、比较矮小的树木，一般高度在6米以下，可分为观花、观果、观枝干等几类灌木。灌木是木本植物，多年生，一般为阔叶植物，也有一些是针叶植物，如刺柏。常见的灌木有玫瑰、杜鹃、牡丹、连翘、迎春、月季、茉莉等。

藤木： 是指一群茎干细长、不能直立、需攀附别的植物或支持物，缠绕、攀援、附着或匍匐于地面生长的植物。这类植物有的可攀援几十米又向下悬垂或者继续攀到别的物体上，有的可覆盖几百平方米，而匍匐于地面生长的也可以在地面迅速蔓延，占据较大面积。在攀援方式上，它们则各显神通，或螺旋缠绕向上，或以卷须卷曲攀缠，或借助棘刺向上伸展，或通过吸盘或气生根吸附，有的甚至会采取多种策略混合应对。

单性花： 只有雌蕊或只有雄蕊的花。
两性花： 同时具有雌蕊和雄蕊的花。
杂性花： 同一植株上，两性花与单性花同时存在的花。
单生花： 单独一朵生在茎枝顶上或叶腋部位的花。
花序： 许多花是密集或稀疏地按一定排列顺序，着生在特殊的总花柄上的。所以花在总花柄上有规律的排列方式称为花序。

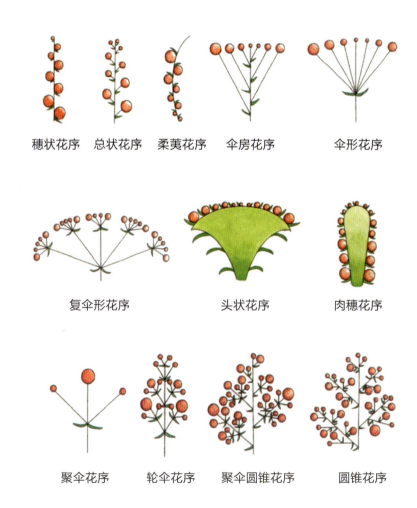

穗状花序　总状花序　柔荑花序　伞房花序　伞形花序

复伞形花序　头状花序　肉穗花序

聚伞花序　轮伞花序　聚伞圆锥花序　圆锥花序

顶生：花长在枝条顶端。

腋生：花长在叶腋处。

壳斗：指苞片聚集愈合而形成的碗状器官，通常包着果实。

壳斗
果实

羽状复叶：小叶在叶轴的两侧排列成羽毛状称为羽状复叶。如蚕豆、月季等的叶都有 3 枚以上的小叶排列在叶轴的左右两侧，呈羽毛状。羽状复叶的小叶数目可为单数或双数，因此又分为：单（奇）数羽状复叶，小叶的数目为单数，有一顶生小叶，如紫云英、月季的叶；双（偶）数羽状复叶，小叶的数目为双数，无顶生小叶，如花生、皂荚的叶。

翅果：果上有翅，如枫树等。

萌蘖性：树木不从树干先部发芽，而从基部或根系直接发芽。

蔓性：藤木爬蔓的能力。

目录

这不仅仅是一本科普书，它还是一本独属于你的植物观查记录册哦！

快快按照书中的方法，"追踪"你所喜爱的植物吧。

你可以将偶遇它们的时间、地点填写在每种植物所对应的图标中，还可以写写画画，在"我的观察日记"中完成自己的"研究成果"。

当然，每观测到一种植物，请在目录 □ 中打"√"，集齐本书的 100 种植物你就是当之无愧的"植物专家"啦！

序言：青岛市植物资源概况 /001
植物相关名词解释 /003

第一章 裸子植物

- ☐ No.1 子孙树 银杏 /2
- ☐ No.2 抗火性强 金钱松 /4
- ☐ No.3 青岛市树 雪松 /6
- ☐ No.4 树形优美 五针松 /8
- ☐ No.5 园林景观一绝 白皮松 /10
- ☐ No.6 抗旱性强 黑松 /12
- ☐ No.7 "活化石" 水杉 /14
- ☐ No.8 适应能力强 侧柏 /16
- ☐ No.9 "清""奇""古""怪" 圆柏 /18
- ☐ No.10 气味芬芳 龙柏 /20

第二章 被子植物-乔木

- ☐ No.11 著名的速生树种 毛白杨 /24
- ☐ No.12 固堤良树 柳树 /26
- ☐ No.13 翅果垂挂 枫杨 /28
- ☐ No.14 好吃的碧根果 美国薄壳山核桃 /30
- ☐ No.15 知惶恐，懂敬畏 板栗 /32
- ☐ No.16 树高叶大 槲树 /34
- ☐ No.17 荒地绿化"尖兵" 榆树 /36
- ☐ No.18 酷似榆树 榉树 /38
- ☐ No.19 朴素低调 朴树 /40
- ☐ No.20 蔡伦造纸的原材料 构树 /42
- ☐ No.21 洁白清丽 玉兰 /44

| No.22 | 满树"毛笔头" | 厚朴 /46
| No.23 | 中国的郁金香树 | 鹅掌楸 /48
| No.24 | 霜叶红于二月花 | 枫香 /50
| No.25 | 强筋健骨 | 杜仲 /52
| No.26 | 江南"风水树" | 香樟 /54
| No.27 | "行道树之王" | 悬铃木 /56
| No.28 | 药果兼用 | 山楂 /58
| No.29 | 案头清供 | 木瓜 /60
| No.30 | 看门护院 | 杜梨 /62
| No.31 | 花贵妃 | 西府海棠 /64
| No.32 | 花开如醉妃 | 垂丝海棠 /66
| No.33 | 二月花神 | 杏 /68
| No.34 | 香自苦寒来 | 梅花 /70
| No.35 | 抗衰老的超级水果 | 李子 /72
| No.36 | 美人之喻 | 桃 /74
| No.37 | 漫天飞舞 | 樱花 /76

| No.38 | 幽香淡淡 | 合欢 /78
| No.39 | 民间的神仙树 | 皂荚 /80
| No.40 | 玉树 | 国槐 /82
| No.41 | 优质蜜源 | 刺槐 /84
| No.42 | 天蚕的"家" | 臭椿 /86
| No.43 | 长寿富贵的象征 | 香椿 /88
| No.44 | 绿色杀虫剂 | 苦楝 /90
| No.45 | 南方工业油料树种 | 乌桕 /92
| No.46 | 石油植物新秀 | 黄连木 /94
| No.47 | 五倍子的寄主 | 盐肤木 /96
| No.48 | 圣诞树 | 枸骨 /98
| No.49 | 果实像金元宝 | 元宝枫 /100
| No.50 | 会变色 | 鸡爪槭 /102
| No.51 | 佛门宝树 | 七叶树 /104
| No.52 | "天树王" | 栾树 /106
| No.53 | "白蜜"的花源 | 椴树 /108
| No.54 | 引凤知秋 | 梧桐 /110
| No.55 | 青岛市花 | 耐冬 /112
| No.56 | 花期超长 | 紫薇 /114
| No.57 | 浑身是刺 | 刺楸 /116
| No.58 | 形如灯台 | 灯台树 /118
| No.59 | 滋肝肾、强腰膝 | 女贞 /120
| No.60 | 花开惊艳 | 流苏树 /122
| No.61 | 树皮耐腐 | 棕榈 /124
| No.62 | 可产白蜡 | 白蜡 /126

第三章
被子植物-灌木

- [ ] *No.63* 焰灼耀人　小檗 /130
- [ ] *No.64* 凌雪独开　蜡梅 /132
- [ ] *No.65* 香飘数里　海桐 /134
- [ ] *No.66* 洁白可爱　麻叶绣线菊 /136
- [ ] *No.67* 抑菌杀菌　珍珠梅 /138
- [ ] *No.68* 秀雅如蝶　白鹃梅 /140
- [ ] *No.69* 月月开花　月季 /142
- [ ] *No.70* 刺玫花　玫瑰 /144
- [ ] *No.71* 酷似玫瑰　缫丝花 /146
- [ ] *No.72* 金花朵朵　棣棠花 /148
- [ ] *No.73* 微果之王　火棘 /150
- [ ] *No.74* 可远观不可近赏　石楠 /152
- [ ] *No.75* 招蜂引蝶　厚叶石斑木 /154
- [ ] *No.76* 花开密集　榆叶梅 /156
- [ ] *No.77* 兄弟之花　郁李 /158
- [ ] *No.78* 花开满条红　紫荆 /160
- [ ] *No.79* 百鸟不落　云实 /162
- [ ] *No.80* 甜美可食　锦鸡儿 /164
- [ ] *No.81* 酸涩难咽　枸橘 /166
- [ ] *No.82* 生长极缓　黄杨 /168
- [ ] *No.83* 极耐修剪　龟甲冬青 /170
- [ ] *No.84* 花香浓郁　结香 /172
- [ ] *No.85* 光彩四照　四照花 /174
- [ ] *No.86* 枝干红艳　红瑞木 /176
- [ ] *No.87* 花香浓郁　桂花 /178
- [ ] *No.88* 白花朵朵　刺桂 /180
- [ ] *No.89* "东风第一枝"　迎春花 /182
- [ ] *No.90* 可在海岸种植　海州常山 /184
- [ ] *No.91* 颜色可控　八仙花 /186
- [ ] *No.92* 花果均美　金银木 /188

第四章
被子植物-藤本

- No.93　爱情和思念的象征　蔷薇 /192
- No.94　缠绕能力极强　紫藤 /194
- No.95　绿化墙面　爬山虎 /196
- No.96　环保的绿化植物　常春藤 /198
- No.97　虬曲多姿　凌霄 /200
- No.98　清热解毒　金银花 /202

第五章
被子植物-草本

- No.99　不媚世俗　菊花 /206
- No.100　花之君子　荷花 /208

第一章 裸子植物

裸子植物 是原始的种子植物，其发展历史悠久。最初的裸子植物出现在古生代，在中生代至新生代它们是遍布各大陆的主要植物。裸子植物是地球上最早用种子进行有性繁殖的植物类型，而在此之前出现的藻类和蕨类都是以孢子进行有性繁殖的。所以，裸子植物的优越性就主要表现在用种子繁殖上。

子孙树

NO.1 银杏

偶遇地：
＿＿年＿月＿日

银杏为银杏科银杏属落叶大乔木，又名白果、公孙树、蒲扇树。它的表皮呈不规则纵裂状、粗糙，有长枝与生长缓慢的短枝。银杏在自然条件下从栽种到结果需要20年左右，40年后才能大量结果，果期极长，500年生的银杏树仍能正常结果，与松、柏、槐共称为"中国四大长寿观赏树种"。

秋风乍起，银杏的叶片开始泛黄，最先是边缘，然后由外而内，颜色逐渐加深。待到满眼都是灿烂的金黄时，一把把"小扇子"相继飘落，放眼望去，无论枝头还是地面，都是金黄的色彩。这时的树下也格外热闹，游客和新人扎堆借景，用镜头捕捉秋天的气息。因此每年秋季，八大关景区里著名的银杏路——居庸关路都会保留一段时间的落叶不清扫。与此同时，硕果累累的银杏树下，总会有三两人观望企盼，每一枚落地

的种子都会被捡起。我对树下的银杏果实一向敬而远之,因为那黄色外种皮的味道实在不敢恭维,不过炖熟的"白果"我可是来者不拒。

银杏果在青岛俗称"白果",但它没有真正的果肉,整个白果其实就是银杏的一颗大种子。白果最外头是像杏子一样的肉质外种皮,里面的白色硬核是中种皮,"银杏"也因此得名。

生白果和银杏叶中含有有毒成分,服用过多或较长时间服用会危害健康。

200万年前当第四纪冰川期来临时,遍布于旧大陆上的银杏祖先几乎绝迹,只有我国一些山谷成了银杏的避难所,使这一古老物种繁衍至今。国外的银杏也都是直接或间接从中国引进的。

银杏树干通直,木材优质,价格昂贵,素有"银香木"或"银木"之称,是制作乐器、家具的高级材料。此外,银杏的外种皮还可提取栲胶。

青岛古银杏树有多少?

在中国,树龄5000年以上的银杏树大约有12棵。青岛市区的天后宫、海云庵等地都有古银杏,树龄长的近600年,短的也在300年以上。崂山风景区内600年以上的银杏树多达10余株,千年以上的也有数株。

NO.2 抗火性强 金钱松

金钱松为松科金钱松属落叶乔木，又名金松、水树，为世界五大公园树种之一。其树体高大，树干通直，枝平展，树冠呈宽塔形。金钱松具有长短枝之分，叶为柔软条形，在长枝上螺旋状着生，在短枝上簇状密生，平展成圆盘状，形似古铜钱，金钱松名字也是由此而来。此树雌雄同株，花期在4月，果期在9~10月。

金钱松是著名的古老残遗植物，据化石资料推测，金钱松在白垩纪时期曾广布于北纬33°~52°之间，后来大部分灭绝，只在长江中下游地区幸存下来。在阿里·阿克巴尔写的《中国纪行》中有"江西鄱阳湖以南，河流迂回山间，山上为金钱松覆盖"的记录。目前，野生金钱松正处于濒危状态，只残存于庐山，已被列为国家二级保护植物。

金钱松与南洋杉、雪松、日本金松和巨杉合称为"世界五大公园树种"，是我国特有的单种属植物。

金钱松在秋季时叶子呈金黄色，其球花生于短枝顶端。雄球花呈黄色圆柱状下垂；雌球花呈紫红色直立单生，球果当年成熟，种鳞腹面有种子2枚。种子为白色，具有宽大的膜质淡黄色种翅，几乎与种鳞一样长。它的树干通直，冠形优美，入秋时叶色转为金色，十分美丽。金钱松常植于瀑口、池旁、溪畔或与其他树木混植成丛，别有情趣。

金钱松有较强的抗火性，在落叶期间如遇火灾，即使枝条烧枯、主干受伤，次年春天主干仍能萌发新梢，恢复生机。

第一章 裸子植物

金钱松喜欢生长在山地、温凉湿润的环境里,可耐受的最低气温为 $-18℃$(在青岛极端天气情况下可能发生冻害)。它为深根系树种,生长旺盛,在幼龄阶段生长较慢,但 10 年后生长变快。金钱松为菌根性树种,在播种育苗或移栽时需要接种菌根土以利于成活。

我的观察日记

NO.3 青岛市树 雪松

偶遇地：
___ 年 ___ 月 ___ 日

雪松为松科雪松属常绿乔木。其树冠呈尖塔形，大枝平展，小枝略下垂；叶呈针形、质硬，呈灰绿色或银灰色，在长枝上散生、短枝上簇生。雪松每年10~11月开花，球果翌年成熟。果呈椭圆状卵形，熟时呈赤褐色。

不管是漫步在街头巷尾，行走于山林小道，还是休憩于公园湖边，在青岛你总能于不经意间看见一座座翠绿的"宝塔"，它们挺拔轩昂，像守卫城市的战士一样，任凭四季更替却依然坚守着自己的岗位。

这些忠诚的战士就是青岛的市树——雪松。雪松是怎样获得"市树"这个光荣称号的呢？在1988年3月8日的青岛市十届人大常委会二次会议上，雪松被确定为青岛市市树，因为它耐寒、挺拔、常绿的属性象征着青岛人民高洁、不屈不挠、积极向上的高尚品质。

雪松是常绿大乔木，为世界著名的庭院观赏树种。它的叶子是针形的，呈灰绿色或银灰色，摸起来硬硬的，有点扎手。每年10~11月是雪松的

开花期,而它的果实却要等到第二年的 10 月才能成熟。雪松的果实呈椭圆状卵形,整齐地排列在树枝上,待到果子长大时,远远望去像极了一排排身着盔甲整装待发的"蛋蛋士兵"。著名诗人贺敬之在青岛八大关休养时,在《八大关漫步》一诗中写道:"碧桃雪松几重关,烽火烟云恍惚间。行到落樱小憩处,又见白鸥搏海天。"

雪松不仅外形优美,还有很高的应用价值。它具有较强的防尘、减噪与杀菌能力,其木材是上等家具的装饰用材。雪松的药疗历史也很久远,古埃及人将雪松油添加在化妆品中用来美容,还当作驱虫剂使用;美国的原住民将雪松当作药疗及净化仪式使用的圣品。另外,雪松经蒸馏还可得雪松精油,雪松精油是治疗头皮屑及皮疹的上佳选择。

雪松非常喜欢晒太阳,所以它喜欢"居住"在阳光充足、温暖并有点湿润的地方,肥沃、排水良好的非碱性土壤非常适合它。

青岛的雪松不一般

青岛园林的老前辈、高级工程师王凤亭从1957年开始,在中山公园内进行雪松人工辅助授粉试验,最终获得成功,率先解决了雪松在我国的结籽问题。此成果于1978年获得全国科学大会奖。毛主席纪念堂周围栽植的雪松,就是上个世纪70年代由青岛中山公园移栽过去的。

树形优美

五针松

偶遇地：
___年___月___日

五针松为松科松属常绿乔木,又名日本五须松、五钗松。它的树冠呈圆锥形,树皮幼时光滑,长成大树后裂成鳞状块片脱落;枝平展,叶细短、微弯曲,5针一束簇生于枝端,呈蓝绿色;球果熟时为淡褐色。五针松的花期在5月。

五针松是叶型为五根松针成一束长在叶鞘中的一种松树，但人们通常所说的五针松指的是日本五针松，原产自日本。五针松植株较矮，生长缓慢，叶短枝密，姿态高雅，树形优美，是制作盆景的上乘树种。青岛市园林工作者将其引种栽培在庭院及园林中，作庭园树或作盆景的时间比较早。它作为园林中的珍贵树种常用于重点配置点缀，与假山石配置，或以牡丹、杜鹃、梅花、红枫等灌木为伴。

五针松喜欢温暖湿润的环境，对光照要求很高，栽植土壤不能积水，排水透气性要好，以扦插繁殖和嫁接繁殖为主要繁殖方式。并且，五针松属强阳性植物，应将其放在干燥通风、阳光充足处养护，过湿、过阴都对它的生长不利。由于人们对它长期进行栽培育种的实验，园林工作者已育出30余个五针松的变种。

另外，还有一种大阪五针松较为特殊，它有金叶大阪松与银叶大阪松两个变种。金叶大阪松以"锦锦"为上品，枝密，生长缓慢，因而能自然成片，叶短粗，叶子的一半是金黄色的；"宫岛"次于"锦锦"，枝叶松散，叶稍长，入秋渐现金色，金色仅及叶的三分之一左右。银叶大阪松也有不同种类，其中"姬箫"叶细短，密集长在梢端，生长亦缓，姿态优美；"霜降"则叶芽白似霜，又名"三代将军"；其他如"旋叶""折叶""白头"等变种偶有所见，但不普遍。

五针松在青岛地区的中山公园、植物园及百花苑均有整形大树栽种。

NO.5 园林景观一绝 白皮松

偶遇地：_____

___年___月___日

白皮松为松科松属常绿乔木，又名蟠龙松、虎皮松。它一年生枝为灰绿色，冬芽为红褐色；针叶3针一束，粗硬，叶鞘脱落；球果通常单生，花期在4~5月，果实于第二年10~11月成熟。

在中山公园中有几株巨大的白皮松，它们树干粗壮敦实，树身斑驳如虎，松枝较长，冠形开阔，根部裸露于地表，状似龙爪，盘根曲折，甚为壮观。因白皮松的树皮不规则块状剥落酷似老虎皮，也有人把它称为"虎皮松"。

白皮松为我国特有的古老珍贵园林树种。因其树干高大挺拔，体形奇特、古雅，树姿优美，树皮奇特，枝叶苍翠，享有松树家族"皇后"之桂冠，有极高的观赏价值。

我国的白皮松曾广泛植于皇家宫殿、皇家园林、帝王陵寝、古刹名寺等处。它们的白干绿冠与我国的精美古建筑相映相辉，成为我国园林景观的一绝。

白皮松有明显的主干，青岛地区的白皮松多从树干近基部分成数条

枝干，形成宽塔形或伞形树冠。幼树树皮光滑，呈灰绿色；长大后树皮呈不规则的薄片脱落；老树的树皮呈淡褐灰色或灰白色。白皮松树干不像其他松柏树那样粗糙不堪、裂痕遍布，而是以不规则的鳞状块片脱落，露出粉白色的内皮，很平整、光滑，光滑得能让人产生凉意。正如朱自清在《松堂游记》中的描写："端详那些松树灵秀的姿态，洁白的皮肤，隐隐的一丝儿凉意便袭上心头。"

白皮松雄球花大多聚生于新枝基部，球果通常单生，初直立，后下垂，成熟前为淡绿色，熟时为淡黄褐色；种子为灰褐色，种翅为赤褐色、较短，有关节、易脱落。

国民党名誉主席栽下的白皮松

白皮松是一种比较华贵的观赏树种，自古被植于宫廷、寺院及名园中，现今青岛市区的公园绿地路边也多有栽种，中山公园内有多株成年大树。2006年4月15日上午，时任国民党名誉主席的连战在北京的香山碧云寺拜谒孙中山先生衣冠冢后，在寺内金刚宝座塔前的空地北侧种下的就是一棵白皮松。

NO.6 抗旱性强 黑松

偶遇地： ___年___月___日

黑松为松科松属常绿乔木，别名银芽松，原产日本及朝鲜南部海岸地区。其树皮幼时为暗灰色，老时则变灰黑色，枝条开展，针叶2针一束，冬芽为银白色。

青岛前海一线姿态万千、苍劲茂密的黑松林与赫红色的、嶙峋突兀的礁石形成了一道独特的风景线。

黑松的树皮粗且厚，裂成块状；枝条开展，冬芽因芽鳞边缘具有白色丝状物而呈现银白色；针叶粗硬，2针一束，为深绿色、有光泽，长6~12厘米。黑松雌雄同株而异花。雄球花为圆柱形，聚生于新枝下部，呈淡红褐色，雌球花为卵圆形，单生或2~3个聚生于新枝近顶端，直立、有梗，呈淡紫红色或淡褐红色，和它的球果形态一致，仅略小。

黑松的球果成熟前为绿色，熟时变为褐色，向下弯垂，种鳞基部着生两枚倒卵状椭圆形种子，种子有薄翅，种翅为灰褐色，有深色条纹。其花期在4~5月，种子于第二年10月成熟。

黑松为喜光树种，除幼苗期外都需要有足够的光照。它的根系发达，有菌根共生，所以黑松移植时必须带原土栽种，尽量保护原有根系及携

第一章 裸子植物

带原有的共生菌，否则不易成活。黑松抗旱能力较强，但不耐水湿，水湿条件下易生长不良，甚至根系腐烂。它可在土壤贫瘠的山脊、阳坡的薄层干燥土壤、保水能力差的石砾土或海滩盐土地上生长。

黑松枝干横展，树冠如伞盖，针叶浓绿、四季常青，树姿古雅、高亢壮丽，极富观赏价值。它不仅是园林绿化中使用较多的优秀苗木，也是优秀的盆栽植物。另外，黑松还具有重要的经济价值，可供用材及制成多种化工产品，还可采收和提取药用的松花粉、松节、松针及松节油。

冬季，我们常看到黑松树干缠绕着草绳，这是园林工人正在利用松毛虫冬季下树冬眠的习性对其进行诱捕。松毛虫是一种对黑松危害极大的害虫，其刺毛有毒，要避免接触。

黑松在青岛的成长

一百年前，德国人将黑松引入青岛，其超强的适应能力及抗病虫能力十分适合在青岛地区的山地和海岸线栽种。自上个世纪30年代以来，德国人先后在莱阳路海滨公园（现鲁迅公园）、八大关和栈桥前园（现栈桥公园）的海滨坡地和道路边栽植了大量黑松，形成了富有地方特色的海滨植物景观。新中国成立后，在海滨以外的其他景点，特别是在岛城的山头上也种植有大量黑松。在崂山风景区，黑松是分布面积最广的树种。

NO.7 "活化石" 水杉

偶遇地：____年__月__日

水杉为杉科水杉属落叶乔木，又名活化石、梳子杉。其树皮开裂并脱落，枝斜展；叶子侧生在小枝上排列成两列，羽状，冬季与枝一同脱落；球果成熟前为绿色，成熟时变深褐色。水杉花期在2月下旬，球果于11月成熟。

在青岛的汇泉广场、中山公园及五四广场等处有几片水杉林，株株水杉高高地矗立，直指白云蓝天。这些足有三四十米高的水杉，树身疤结众多、非常粗糙，尽显沧桑。放眼看去，这些水杉林横成行、纵成列，若士兵方阵般气势雄伟。待到初冬，水杉叶子变成了棕红色，会在清晨阳光的照射下散发出一层柔柔的光泽。而对于不同的水杉，这些红叶又呈现出棕红、红铜、金棕等不同颜色。

水杉算得上一种具有传奇色彩的植物，是世界上珍稀的孑遗植物，素有"活化石"之称。远在中生代白垩纪，地球上已出现水杉类植物，并广泛分布于北半球。但冰期以后，这类植物几乎绝迹。在欧洲、北美和东亚，从晚白垩至新世的地层中均发现过水杉化石。20世纪40年代，中国的植物学家在湖北、四川交界处发现了幸存的水杉巨树，树龄约400年。后在湖北利川县发现了残存的水杉林。

水杉是秋叶观赏树种，在园林中最适于列植；也可成片栽植营造风景林，并适配常绿地被植物；还可栽于建筑物前或用作行道树。水杉对二氧化硫有一定的抵抗能力，是工矿区绿化的优良树种。

青岛于20世纪40年代末引入水杉，生长良好。中山公园花卉园内的两株及桂花园南侧的一株为最早引入的水杉，后又陆续引植。目前，中山公园、汇泉广场北侧、崂山太清宫、北九水都有水杉片林。另外，西海岸新区选其为行道树，观赏效果极好。

"活化石"是如何被发现的

1941年冬天，原中央大学森林系教授干铎在去重庆的路上，途经万县磨刀溪村（今湖北利川谋道），发现路旁有一株参天古树，树高足有30多米。其树干直插云天，宝塔状的树枝十分壮观。乡民还在树前自建了一个小庙，用于祭祀他们心目中的"神树"。干铎教授发现树上挂着一块小牌，上面写着"水杉"。之后，原中央林业实验所的王战先生和松柏科专家也相继采集到水杉标本。1946年，胡先骕、郑万钧两人共同将该标本定名为"水杉"并联名发表，肯定了中国活化石——水杉的存在。

NO.8 适应能力强 侧柏

偶遇地：____
____年__月__日

侧柏为柏科侧柏属常绿乔木，又名扁柏、黄柏。它的树冠呈广卵形，小枝扁平、侧立；叶小呈鳞片状，紧贴于小枝上交叉对生排列；雌雄同株，花单性。侧柏耐旱，常被作为阳坡造林树种，也是常见的庭园绿化树种。其木材可用于建筑行业和家具制造等；叶和枝可以入药，可收敛止血、利尿健胃、解毒散瘀；种子有安神、滋补强壮之效。

进入陕西桥山的黄帝陵轩辕庙山门，首先映入眼帘的是"轩辕手植柏"。此柏现高19米，树干下围10米，中围6米，上围2米，柏叶翠绿，遒枝苍劲。传其为轩辕黄帝亲手所植，号称"中华第一柏"，已在这里伫立了五千年之久。于树下抬头仰视古柏，那伟岸的身躯虽经刀刻剑削伤痕累累，却依然不枯不倒，似虬龙凌空盘绕于劲枝上，茂密苍翠，绿荫如盖。树体上一个个大大的圆结疤，是它受伤的证明，也是它坚强的表现。这是因为树木的伤口会慢慢地愈合，愈合的地方就会结疤，这些疤痕便成为树干最坚硬、最有力的部分，支撑着整棵树继续生长。就像中华民族几千年历经磨难而依然百折不挠，生生不息！

侧柏喜欢阳光，幼时稍耐阴，适应性强，在中性、微酸性或微碱性土壤环境中均能生长，在钙质土中长得特别好。因此在济南、泰安等石灰岩地质区，侧柏分布较多、长势好；青岛地区的山地是花岗岩地质，侧柏长得比较少。侧柏是城市绿化的常用植物，对污浊空气具有很强的耐力，可以吸附尘埃、净化空气。另外，侧柏因适应能力强，在园艺上常用来做嫁接龙柏的砧木，有时我们会见到路旁修剪平整的龙柏丛中冒出侧立的"异己分子"，这就是萌蘖的侧柏。青岛市区侧柏较少，只在崂山上有一些侧柏的古树。

侧柏是有毒植物，其枝、叶均有小毒。但侧柏的小枝和叶可入药，在古代是备受道家推崇的延年上品。明代李时珍在《本草纲目》中称其"乃多寿之木，所以可入服食，道家以之点汤常饮"，中医认为侧柏可治吐血、鼻出血、尿血、血痢、崩漏、风湿痛、咳嗽、烫伤等症。另外，文玩市场中有一种"崖柏"，实际上是悬崖上侧柏的枝干。

侧柏名字的由来

中国古时的"柏"通常就是指侧柏。按照中国传统的五行学说，代表西方的色彩是白色，而柏树不同于其他树木南侧枝叶茂密，而是西侧生长茂盛，所以就用代表西方的白色加上木的属性给它起了名，又因为"入药惟取叶扁而侧生者"，故而又名"侧柏"。

"清""奇""古""怪"
圆柏

圆柏为柏科圆柏属常绿大乔木,又名刺柏、桧柏。其树冠为尖塔形,老时呈广卵形;树皮为灰褐色,裂成长条片;幼树的叶全为刺形,老树的叶为刺形或鳞形,或二者兼有;雌雄异株,少同株。圆柏球果近圆球形,呈暗褐色,外有白粉,每个球果有1~4颗卵形种子。其花期在4月,果于次年成熟。

圆柏原产于我国，古时称作"桧"（guì，此字只在"秦桧"这个专用人名时读huì）。我国古籍中很早便有桧的分布、利用、栽培的记载。西周分封的诸侯国中就有用桧作为国名的，而《诗经·桧风》就是记载桧国的诗。现在我们还经常用"桧柏"来指圆柏属的树木。"桧"字读法甚多，在我学习植物时老师傅们将其读作"kuài"，出处虽一直没有找到，但现在"圈内"还是这么读，而在教学时就改作"guì"了。

圆柏是喜光树种，较耐阴，耐修剪，易整形。它耐寒、耐热，对土壤要求不高，对干旱及潮湿均有一定的抗性，寿命极长，在祖国大地上分布极广，且有许多古树存在。它的树形优美，青年期呈整齐的圆锥形，老树则干枝扭曲。古庭院、古寺庙等风景名胜区中多有千年古柏，它们"清""奇""古""怪"，各具幽趣。

圆柏材质致密、坚硬，呈桃红色，美观而有芳香，耐腐力强。除用作观赏外，圆柏还可用来制作图板、铅笔、家具，供建筑、工艺品、室内安装等用。

青岛树木中的"老寿星"

青岛地区古树名木众多，其中最古老和最具灵性的古树当属太清宫的"汉柏凌霄"。它是青岛市古树名木中当之无愧的"老寿星"，为西汉建元元年道士张廉夫在崂山初创太清宫三官庵时亲手所植的一株圆柏，历经2100余年的风霜，成为一株颇具传奇色彩的古树。2013年该树入选国家林业局评选的"中国百株传奇古树"。

气味芬芳

龙柏

偶遇地：
___年___月___日

龙柏为柏科圆柏属常绿乔木，又名刺柏、红心柏、珍珠柏，是圆柏（桧树）的栽培变种。龙柏长到一定高度，枝条就会螺旋盘曲向上生长，好像盘龙姿态，故名"龙柏"。它的小枝通常伸直或稍呈弧状弯曲，生鳞叶的小枝近圆柱形或近四棱形。

在中山公园的喷水池周边有和樱花相间栽种的龙柏，它们的树冠呈圆柱状塔形；枝条直展扭转上升，小枝密簇，鳞叶排列紧密；球果为蓝色。

龙柏树皮呈深灰色，树干表面有纵裂纹。幼树的枝条通常斜上伸展，形成尖塔形树冠；老树则下部大枝平展，形成广圆形的树冠。龙柏的叶大部分为鳞状叶（这是与原种桧的主要区别），少量为刺形叶，沿枝条紧密排列成十字对生，其枝叶有特殊的芬芳气味，近处可嗅到。其花（孢子叶球）为单性，雌雄异株，于春天开花，花细小呈淡黄绿色，

并不显著，顶生于枝条末端；结浆质球果，表面披有一层碧蓝色的蜡粉，内藏两颗种子。

龙柏喜阳，稍耐阴，喜温暖、湿润环境，抗寒、抗干旱，忌积水，排水不良时易产生落叶或生长不良现象。它适合生长于干燥、肥沃、深厚的土壤，对土壤酸碱度适应性强、较耐盐碱，对氧化硫和氯抗性强，但对烟尘的抗性较差。

八大关的龙柏

临淮关路是以古代的税关命名的。它始建于20世纪30年代初，东起黄海路，西至宁武关路，位居整个八大关的中间，是其"七横三纵"街区中偏南的"一横"。临淮关路两侧种植的是龙柏，一年四季碧绿如一。虽然密密麻麻的枝叶让路面变得狭窄，却为这条路增添了别样的美感。

第二章
被子植物—乔木

乔木 是指树身高大,树干和树冠有明显区分,有一个直立主干,且通常高达 6 米至数十米的木本植物。乔木可依其高度分为伟乔(31 米以上)、大乔(21~30 米)、中乔(11~20 米)、小乔(6~10 米)四级。我们通常见到的高大树木都是乔木,如木棉、松树、玉兰等。

偶遇地：
___年___月___日

著名的速生树种
毛白杨

NO.11

毛白杨为杨柳科杨属落叶大乔木。它的生长速度很快，树干通直挺拔，枝条折断处往往留下眼睛状的痕迹，是造林绿化的优质树种。白毛杨适应性强，主根和侧根发达，枝叶茂密，多用于速生用材林、防护林和行道河渠绿化。其木材多用在建筑、家具、胶合板、造纸等方面；树皮可提制栲胶；根皮、花序可供药用。

　　毛白杨是原产于我国的乡土树种，因栽培简便、适应性强、生长迅速、用途广泛而在我国北方广为栽培。其树皮呈灰白色；叶子背面密生白绒毛，在阳光下仰头望去，风中起舞的树叶闪着白色的光，毛白杨的名字也由此而来。它因有树干端直、树形雄伟、生长迅速、管理粗放、抗烟抗污等特点，常被用作行道树。

　　毛白杨是著名的速生树种，七八年就可以长到十几米、胸径达到20厘米左右，十几年便可以成材。因此白毛杨有"五年成椽，十年成檩，十五年成柱"的说法。

被贬抑的白杨

　　古人因白杨叶片较大常随风摇曳不止而给它起了一个"独摇"的别名。再加上白杨树叶的摩擦声甚是萧索，惹人忧愁，故自汉朝至唐宋，它常被栽种在墓地陵园周遭，所携带的"晦气"令人厌恶。李白诗中称"悲风四边来，肠断白杨声"，白居易则称"悲风不许白杨春"，都是将白杨看作哀婉的象征。而我们这里讲到的白毛杨，就是白杨的一种。

固堤良树
柳树

NO.12

柳树为杨柳科柳属高大落叶乔木，分布广泛，生命力强，是我国常见的树种之一。其小枝细长下垂，叶互生，花先开放再长叶，雌雄异株。柳树花期在3~4月，果熟期在4~6月。柳树最宜配植在水边，是固堤护岸的重要树种，也可作庭荫树、行道树、公路树，亦适用于工厂绿化。其木材可供制家具；树皮含鞣质，可提制栲胶；枝条可编筐；叶可作饲料。

柳树是中国的原生树种，在第三纪中新世的山旺森林里就有柳属植物。柳树还是被记载的我国人工栽培最早、分布范围最广的植物之一，甲骨文里已出现"柳"字。青岛地区在距今11000~8500年前的胶州湾附近就有柳属植物的分布。

柳树所在的柳属种类繁多，通常我们所说的是指"垂柳"，也叫"垂杨柳"，其枝条下垂，叶片狭长。青岛的柳树每年农历三月中旬就已绿满枝头，故柳树也是春的使者。据传，隋炀帝登基后，下令开凿通济渠，虞世基建议在堤岸种柳，隋炀帝认为这个建议不错，就下令在新开的大运河两岸种柳树，并亲自栽植，御书赐柳树姓杨，享受与帝王同姓之殊荣。以此事为题，唐朝诗人刘禹锡作诗云："炀帝行宫汴水滨，数株残柳不胜春。晚来风起花如雪，飞入宫墙不见人。"

除此之外，柳树确为古代文人所钟爱，并出现在许多文学作品中。

例如,《数九歌》中说:"五九和六九,河边看杨柳。"这时候的柳树,古诗中也常用"柳烟"来形容,待到暮春就是"碧玉妆成一树高,万条垂下绿丝绦。不知细叶谁裁出,二月春风似剪刀"了。同时,因柳和"留"同音,古人常以柳赠友,表达依依惜别之情,留下了大量有关柳树的精品诗词和文章。

"五月飞雪"

在青岛,每到春夏之交,市区部分小区便会出现"五月飞雪"的景象。你可千万不要被这漫天飞"雪"的景象迷惑了,其实这些"雪花"的真名叫"柳絮",是柳树的种子,上面长有白色的绒毛,自柳梢随风飞起。倘若赶上柳絮纷飞的季节,走在街头,还真应了古诗中的句子:"二月杨花轻复微,春风摇荡惹人衣"了。

翅果垂挂
枫杨

NO.13

偶遇地：___年___月___日

枫杨为胡桃科枫杨属落叶大乔木，又名枰柳、麻柳、枰伦树、水麻柳、蜈蚣柳。其干皮呈灰褐色，幼时光滑，老时纵裂；小枝为灰色，有明显的皮孔且髓心呈片隔状；偶数羽状复叶互生，叶轴具翅；花单性，雌雄同株，柔荑花序下垂，芽具柄，密被锈毛。

刚认识枫杨时，我为它的名字由来想破了脑袋，后来发现枫杨垂下的一串串果实都长着一对狭长的翅，有点像枫树的翅果，枫杨的"枫"字可能就是因它的果实而来，至于"杨"其实应该是"柳"。枫杨多生在水边，一挂挂翅果很像柳枝下垂的样子，而"杨"和"柳"常常通用，如"杨花"往往是指的"柳絮"。<u>实际上枫杨和枫树或柳树没有半毛钱关系，它是胡桃科枫杨属落叶大乔木。</u>

枫杨为中国原产树种，被栽培利用已有数百年的历史，以河溪两岸最为常见。它的树干纵裂，苍劲挺拔；树冠舒展，树形优美；果形奇特，串串种子成熟之后，掉到河里顺流而漂，碰到适合的条件，就在岸边着陆生长，没过几年，水岸边就会不知不觉地多出一片枫杨林了。枫杨有很多外号，如燕子树、元宝树、馄饨树，这是因为单个的枫杨果实既像一排展翅欲飞的小燕子，又像一只只绿色的小元宝、小馄饨垂挂在绿叶之间。串串垂挂的翅果，无疑是辨识枫杨最显著的标记。

枫杨为喜光性树种，不耐阴，但耐水湿、耐寒、耐旱。其为深根性，主、侧根均发达，在深厚肥沃的河床两岸生长良好；又为速生性，萌蘖能力强，对二氧化硫、氯气等抗性强，但叶片有毒，鱼池附近不宜栽植。

挂"鞭炮"的行道树

青岛地区的枫杨多生于沿溪涧的阴湿山坡地的林中，市区的青大一路、宁德路和隆德路是用枫杨来作行道树的。每到夏末秋初就能看到那一串一串果子从枝头挂下来，像极了噼里啪啦响个不停的鞭炮，格外吸引行人的注意。

好吃的碧根果

NO.14 美国薄壳山核桃

　　美国薄壳山核桃为胡桃科山核桃属落叶乔木，又名美国山核桃、碧根果、薄壳山核桃、长山核桃，现已成为世界性的干果类树种之一。此树为大乔木，可高达50米；树皮粗糙、深纵裂，小枝有柔毛，奇数羽状复叶；花为单性同株，雄性为柔荑花序，雌性为穗状花序；果实为矩圆状或长椭圆形，外果皮4瓣裂。它于5月开花，9~11月果成熟。

说起美国薄壳山核桃，大家会觉得很陌生，不过说起它的另一个名字"碧根果"，那就耳熟能详了。16世纪，它被西班牙殖民者引种，目前全世界范围都有栽培。

碧根果常见，但结碧根果的树恐怕很多人没见过。在青岛市只有中山公园内的城市园林局院内有一株结碧根果的大树。这株美国薄壳山核桃为成年树，树高十余米，奇数羽状复叶互生，小叶呈卵状披针形、柄极短。每年5月，树上挂满了一串串黄绿色的雄花，这就是所谓下垂的葇荑花序了，而其小枝上直立的花序是雌花。美国薄壳山核桃是风媒花，其花粉细小、数量多，每到花期会随风荡起黄绿色的"花粉雾"。传完粉，雄花的使命结束，就会脱落；授粉成功的雌花会结出几个绿色的橄榄形果实，上面还有4条凸起的纵棱。待果实完全成熟后，绿色外壳皮会沿着纵棱4瓣开裂，我们熟悉的碧根果就露出来了。碧根果长有一层由子房壁发育而来的内果皮。这层内果皮薄而脆，有些品种只用手就可以剥开。剥去壳，就会看到可以吃的种仁了，若生吃的话那层咖啡色的膜会有一点涩，炒制以后涩味就消失了。

谁引进了碧根果？

中国最早的美国薄壳山核桃是由中国林学界的"绿化之父"——傅焕光先生于1946年引种的。那年傅焕光先生去美国考察，看到这种植物，想带些回来。可是美国人却提出"除非你在美国工作十年"的要求从而婉拒了他。于是傅焕光手拿一根空心拐杖作为掩护，把掉在地上的种子通过拐杖悄悄"拾"起来，带回了国内。傅焕光带回的树种主要被种植在南京的中山陵、石象路、雨花台等地。青岛的这株美国薄壳山核桃应该是他带回的种子的后代。

NO.15 板栗

知惶恐，懂敬畏

偶遇地：___ ___年___月___日

板栗为壳斗科栗属落叶乔木，又名栗、板栗、栗子、风栗，原产于中国，多分布于山地。其树皮呈深灰色，小枝有毛，无顶芽；叶互生呈椭圆形，先端渐尖，边缘有芒状端；花单性，雌雄同株；壳呈斗球形，内藏坚果2~3个；花期在5月，果期在8~10月。板栗树材质坚硬，纹理通直，防腐耐湿，是优质木材；枝叶、树皮、刺苞可提取烤胶；各部分均可入药；果实营养丰富，是传统的干果。

古人依五行生克理论，认为西方属金，金克木，因此有"木至西方战抖"之说。但栗子树却不同，无论生于何方，都无风自颤作"战抖"之状，于是古人就把西木二字合起来作为这种树的名字——栗。因栗树知惶恐、懂敬畏，古人常将枣和栗子并称为"枣（枣取"早敬"之意）栗"，将它们看作诸多果子之中最懂礼数的一类。

板栗树在我国栽培历史悠久，主要分布于北方的平地或山坡，青岛市的村镇多有栽种。板栗为落叶大乔木，可以长到20多米，但作为果树栽种的板栗树往往不高，枝杈略向四周伸展。板栗树叶片为长圆形，叶片边缘具齿和刺状芒尖；夏季开花，花分雌雄，雄花小而聚集呈穗状，散发出略臭的特殊气味，雌花藏于壳斗内。板栗果实未熟时包裹在绿色多刺的壳斗中，通常1个壳斗内有1~3枚果实；果实成熟时壳斗渐变为黄褐色，干燥后呈4瓣开裂。

大家不一定见过板栗树，但一般都吃过板栗。每年初冬，街头就会出现卖糖炒栗子的干果摊，纸包里那黝黑发亮、热气腾腾的栗子多诱人啊！深秋板栗成熟后，栗子会掉到地面，成为一些小虫子、松鼠及鸟类的美食。所以果农一般会提前将其采下，集中晾晒脱皮保存。

板栗不仅种子可食，还有较高的药用价值。其树干木质坚硬耐湿，为优质木材；"壳斗"古时是染制黑色织物的染料。

青岛市中山公园、植物园及部分山头公园有零星的板栗栽植。它们平常不太好分辨，但仲夏之后，枝头挂上了"小刺猬"般的果实后就明显多了。不过建议大家不要采摘，把它们留给自然界的小动物吧，这是它们过冬的口粮啊！初冬，到树下捡一点干枯的"壳斗"回家玩玩草木染还是不错的。

女子执栗

春秋年间，为保鲁国一方平安，鲁庄公想攀上齐桓公这棵"大树"，要迎娶齐国公族之女。待到齐女至鲁，鲁庄公下令宗族重臣前来拜谒，所持礼物，无论男女，一律要拿玉帛。鲁国大夫御孙感极而悲道："面见尊长，手持礼物必有男女身份之别。若为男子，诸侯执玉；若为妇人，则执栗枣之类。此乃祖宗之法，违则生乱。"古人认为："女子执栗，取'恂栗'之意。恂栗者，诚惶诚恐也，谨遵妇道。"

NO.16 槲斗树

树高叶大

偶遇地：
___年__月__日

槲（hú）树为壳斗科栎属落叶乔木，又称柞树、大叶菠萝，是原产于中国的古老树种。其寿命较长，树干挺直，树皮为灰色，较厚、纵裂；叶片宽大，树冠广展，叶片入秋呈橙黄色且经久不落；初夏开花，雌雄同株；坚果呈圆卵形。槲树可孤植、片植或与其他树种混植，季相色彩极其丰富。其木材坚实，可供建筑、枕木、器具等用，亦可培养香菇；壳斗及树皮可提取栲胶，叶可饲柞蚕；叶、皮、果实、种子均可入药。

槲树是温带落叶乔木，分布地北起黑龙江，向南经日本、韩国可达我国台湾，西可以分布到四川、云南等地。其树高可达 25 米，足以使槲树在其他树木的包围中突出，获得更多的阳光。

槲树的叶缘多有锯齿状的缺刻，大叶子有着波浪状的曲线，像是造物

者用最熟练的笔法一笔画就的，呈现其卷舒、多样的曲度。叶子幼时被毛，后渐脱落，叶柄较短也密被棕色绒毛。春季槲树的新叶往往像花开一般地呈四五片簇生在枝头，逆光看时叶脉清晰；秋季经霜后叶片变为橙黄色。

槲树的花是同树异花，雄花序呈长穗状生于新枝叶腋，长4~10厘米；雌花常几个簇生于新枝上部叶腋。授粉后雌花会长出由苞片聚集愈合而形成的碗状器官，里面包着果实，壳斗会形成一个杯子形的壳半包着坚果。坚果为卵形至宽卵形，光滑无毛，有宿存花柱。

槲树喜光、耐旱、抗瘠薄，适宜生长于排水良好的沙质土壤。此树寿命长，但生长速度较为缓慢。

槲树叶用途多

端午节时，槲树的叶子已基本长成。人们将其采下，用热水煮过就可以当粽叶用了。青岛有一种用槲树叶包的粽子，里面包的主要是糜子（黏性小米）加部分豇豆和绿豆，还有2个红枣。这种粽子吃起来别有风味，又黏又瓷实，很有嚼头，且耐饥。

另外，槲树叶可养柞蚕，以槲树叶养的蚕生产的丝叫"柞蚕丝"或"天蚕丝"，比一般的蚕丝更光滑。

荒地绿化"尖兵" 榆树

NO.17

榆树为榆科榆属落叶大乔木,又名家榆、春榆、白榆。其树皮为淡褐灰色,幼时平滑,老则呈不规则纵裂;叶缘具重锯齿状;花常20至30朵密集地聚在一起,花梗纤细;翅果因其外形圆薄如钱币,故而得名"榆钱"。

榆树是榆科榆属植物的通称,青岛地区的榆树通常是指欧洲白榆(简称白榆)。

榆树喜光、耐旱、耐寒、耐瘠薄,对土壤要求不高,适应性很强。它根系发达,抗风力、保土力强,是干旱区域荒地绿化的优秀树种。榆树能耐中度盐碱,所以也常用来进行盐碱地生物改良。它萌芽力强、耐修剪,自古就是优秀的盆景材料。

每到春天,榆钱儿总是在粉红的桃花和洁白的苹果花开放之前,默默地在枝头孕育着花蕾。清明节后不几日,碧绿的榆钱就已爬满枝头。在我刚学会爬树的时候,便和周围的伙伴们一道爬树摘榆钱。摘回家后母亲会用榆钱儿做糊糊、煎榆钱饼,或用榆钱与干面拌一拌,放在笼屉里蒸,蘸着蒜泥吃别有一番风味。

榆树不仅有可制作美味的榆钱,还有很多用处呢。其枝皮纤维坚韧,可代麻制绳索、麻袋或做人造棉与造纸原料;树皮、叶及翅果均可药用,能安神、利小便;树皮内含淀粉及黏性物,磨成粉称榆皮面,可掺入面粉中食用,并可作为制醋的原料。

现在城市中普通的榆树树种已不多见,近几年有一些观赏价值高的新品种出现在岛城,如金叶榆、垂枝榆。

"冒牌"榆树

青岛的崂山太清宫逢仙桥旁有一株古树,主干虬曲,结节突出,形状近似龙头,故称为"龙头榆"。据记载,此树是五代时崂山著名道士李哲玄亲手所植。虽然叫作"龙头榆",但它并不是真正的榆树,而是榆树的亲戚"糙叶树",属糙叶树属而不是榆树的榆属。

NO.18 酷似榆树 榉树

偶遇地：
___年___月___日

榉树为榆科榉属落叶大乔木，树皮为灰色，呈不规则的片状剥落；小枝呈褐色，叶纸质，大小形状变异很大，叶面粗糙，叶柄粗短；核果，表面被毛；花期在4月，果期在9~11月。榉树属国家二级重点保护植物，在国内分布广泛，生长较慢，材质优良，是珍贵的硬叶阔叶树种。另外，榉树皮和叶可供药用。

榉树为中国原产树种。青岛地区普遍栽培有榉树，太平山区域以中山公园和榉林山公园栽植最多，榉林公园便由此得名。

榉树树姿端庄，高大挺拔，秋季叶子变成褐红色，是观赏秋叶的优良树种。它可孤植，也可丛植于公园、广场、建筑物旁，还可以与常绿树种混植作风景林，更可列植于人行道、公路旁作行道树，有降噪防尘

第二章 裸子植物-乔木

的功效。

我国常见榉树品种有：大叶榉、光叶榉、小叶榉、台湾榉4种，青岛多见前两种。

虽然，榉林公园因自然生长着很多榉树而得名，但住在附近的老人却将此地称为"榆树沟"。因为榉树和榆树是同科异属的两种树木，在嫩叶阶段确实很难分辨。但它们在叶片长成后区别还是很明显的：榆叶小而厚实，榉叶大而薄，且边缘不同。

除此之外，榉树和榆树还有以下细微的区别：

1.果实。榆树的果子不圆整，带有突起物，而榉树果子没有。

2.叶子。榆树叶子两侧的锯齿是不规则的，而榉树一般都是对称的。

3.花性。榆树的花是两性的，榉树的花是单性的。

4.树皮。榆树皮为灰色或暗灰色，幼龄树皮较平滑，老龄的树皮粗糙，皮是纵向裂开的。榉树树皮为灰色或红棕色，幼枝有白柔毛，通常不会开裂或呈鳞片状脱落。

硬石种榉

相传，以前天门山有一秀才人家，秀才屡试屡挫，妻子恐其沉沦，与其约赌，在家门口石头上种榉树，意为有心者事竟成。因"硬石种榉"与"应试中举"谐音，故木石奇缘又含着祥瑞之征兆。果不其然，榉树竟和石头长在了一起，秀才最终也中举归来。因此，江南到现在依然有此传统，生了男孩的人家会在园中种一棵榉树。

朴素低调
朴树

偶遇地：
___年___月___日

朴（pò）树是榆科朴属的落叶乔木，又名黄果朴，沙朴。其树皮为灰色、表面平滑，一年生，枝被密毛；叶互生，三出脉；花杂性（两性花和单性花同株），核果近球形，熟时为红褐色。

首先说明一下，朴树中的"朴"的读音为"pò"而不是"pǔ"，如读后者的音那就是一名歌手的名字而非植物了。朴树没有华丽的外表，叶片低调，花儿也不引人注目，是真正"朴素无华"的树。

朴树是榆科朴属的落叶乔木，树皮为灰色或暗灰色；当年生小枝呈

淡棕色，老后色较深、无毛，有散生椭圆形皮孔；叶厚呈纸质，基部稍偏斜，先端渐尖，中部以上稀稀地长有不规则浅齿，无毛；叶柄有沟槽，萌蘖枝上的叶形变异较大。

朴树花跟叶一起出现，花落后叶子就长得差不多了。它的果为单生叶腋果，成熟时呈橙黄色，近球形，直径6~8毫米；核近球形，直径4~5毫米。朴树花期在4~5月，果期在10~11月。其果核在周口店北京猿人洞中、满城刘胜墓的车马室中曾被发现，说明当时人们可能将其果实作为食物或饲料。

朴树树冠开阔，枝叶浓密可以作庭荫树，也可作行道树，在园林景观中运用广泛，是城乡绿化的重要树种。它主要以自然林或人工林的形式存在，也常用作造景植物。它的树皮纤维可代麻用或作造纸和人造棉原料，木材可供建筑用；树干可供药用，主治支气管哮喘及慢性气管炎。

什么是"三出脉"？

朴树的叶脉比较有代表性，叫三出脉。植物学上把叶脉分为两大类：平行脉和网状脉，而朴树所属的双子叶植物都是网状脉。网状脉又可分为羽状和掌状，但朴树的叶脉有三根主脉，介于掌状与羽状之间，故称三出脉。其实三出脉也可以算作掌状，只不过是三根手指的"掌"罢了。

蔡伦造纸的原材料
构树

构树为桑科构属落叶乔木,又名构桃树、构乳树、楮树、楮实子、沙纸树、谷木。构树树皮平滑、不裂,全株含乳汁;单叶互生,叶形变化较多,有厚柔毛;雌雄异株,雄花为柔荑花序,雌花序上部呈膨大圆锥形;椹果为球形,熟时呈橙红色或鲜红色;花期在4~5月,果期在7~9月。

构树是我国土生土长的树种,但在青岛市种植的却不是很多,印象中只有一两条路上有人工栽植的构树。

春天里一些构树小枝会挂出一串串葇荑花序的雄花,乍一看和杨树

没多少区别。不过如用手摸一下它就会感觉到明显的黏滞感，这是因为构树叶子上有两面密生柔毛。

进入夏末，构树的果实成熟了，红红的，看上去挺诱人。但是它的口感很差，一点也不好吃。

构树的果实称为椹果，严格地说，是由数个果实集合形成的一种特殊的聚合果。构树果虽然看上去挺大，但能吃的部分很小，而且较酸。可对于鸟类来说，它就是季节性的饕餮大餐了。每到构树果成熟

时，小鸟们在树丛中跳跃，将果子周围的可食部分全部吃下去，独留下不可食的绿色部分。

构树的叶片是识别它的标志性特征——大且有奇特缺刻，叶形也相当多变，心形、浅裂、深裂都有出现。一般幼树心形叶较多，成年后有缺刻的叶片越来越多。叶片的长成时间和生长环境都会影响到它的外形。

在中国古代，构树的"主业"是造纸。据记载，蔡伦当年造纸所用的树皮即为构树的树皮。而现在蔡伦造纸的方法大多已不再使用了，仅在一些边远地区保留了下来。如西双版纳傣族就有以构树皮为原材料造的纸，俗称"构皮纸"，其历史悠久、源远流长。

洁白清丽
玉 兰

偶遇地：
___年___月___日

NO.21

　　玉兰为木兰科木兰属落叶大乔木，又名白玉兰、玉兰花。其树皮呈深灰色、粗糙，小枝粗壮，呈灰褐色；单叶互生，纸质，叶上面呈深绿色，下面呈淡绿色。玉兰花大型、芳香；花蕾呈卵圆形，花呈白色到淡紫红色；花冠呈杯状，花先于叶开放，花期10天左右；萼片与花瓣相似，共9枚。

　　早春时节，梅花初落，杨柳略青，玉兰早于枝头绽放，满树洁白。

　　玉兰和木兰两者杂交的二乔玉兰在古代广为栽培。早在先秦时期，屈原《离骚》中曾言"朝饮木兰之坠露，夕餐秋菊之落英"，将玉兰花

中的晨露比作玉液琼浆。它的花色洁白清丽，花形妖娆多姿，花香芬芳怡人。而在另一篇楚辞《涉江》中提到的"辛夷"，则为紫色花朵的玉兰，在我国已有两千余年的栽种历史，至唐代已在庭院普遍栽培。宋朝时，因开花早，世人将玉兰冠以"迎春"之名。明清两代中国传统宅院植物配置有"玉堂富贵"之说，便是指玉兰、海棠、迎春、牡丹的搭配。

玉兰爱干燥，忌低湿，栽植地渍水易烂根。它原产于中国中部各省，现北京以南均有栽培。玉兰的果实比较奇特，在植物学上称为聚合果，是由一朵花的多数分离心皮形成的果实。果成熟后会开裂，露出鲜红的外种皮，内种皮则为黑色。玉兰花期在3~4月，果期在8~9月。

另外，玉兰花对有害气体的抗性较强，是大气污染地区很好的防污染绿化树种。

青岛的古玉兰树

玉兰自古受国人喜爱，在青岛崂山便有多株古玉兰存活。崂山各寺庙中100年以上的玉兰有6株，分别是：太崂观院内2株，已有300年，为崂山玉兰中树龄最长者，树高10.5米，胸径42厘米，生长仍很旺盛；上清宫院内2株，树龄150年，树高8米，胸径28.6厘米，生长旺盛；明霞洞院内1株，树龄100年，树高6米，胸径28.6厘米，生长渐衰；白云洞院内1株，树龄200年，树高11.2米，胸径46.2厘米，为崂山最高的一株；另外太清宫东院有广玉兰1株，高达12米以上，系玉兰的另一品种，颇为珍贵；在茶涧庙遗址有天女花1株，亦属木兰科。

NO.22 满树"毛笔头" 厚朴

偶遇地：___年___月___日

厚朴（pò）为木兰科木兰属落叶大乔木，又名川朴、紫油厚朴。其树皮较厚，呈褐色，不开裂；花为白色，盛开时常向外反卷；果实是长圆状卵圆形的，花期在5~6月，果期在8~10月。厚朴原产于我国，现为渐危种。国务院于1999年8月4日批准将其列为国家二级重点保护野生植物。

每年初夏，青岛中山公园在经历了春节的喧闹之后，树木已披上绿装。其中有一种主干高大笔直、皮色灰白光滑的大树，在枝头绽放出许多乳白色的硕大花朵，这就是厚朴。

厚朴是落叶大乔木，树皮厚、光滑不开裂，小枝粗壮；叶大，叶片长度接近50厘米，外形像缩小的铁扇公主的芭蕉扇。它应是青岛地区能见到的最大的乔木树叶了。厚朴树叶两面颜色不同，叶面为绿色，叶背为灰绿色、有白粉，叶子常7~9片簇生于枝端。

冬季厚朴树的每一个枝头都有一个"毛笔头"，很多人会认为那是花蕾，其实那是厚朴的叶苞。苞片中包有新叶，随着新叶生长，苞片慢慢张开非常像开花，叶片长大后那些苞片就逐渐掉落。叶片长满枝头后，在叶片中间会长出花蕾。

厚朴的花为白色，直径可达15厘米，有浓郁的香气。花长在粗短的花梗上，有花瓣9~12片，厚肉质，盛开时外轮3片花瓣常向外反卷，内部的两轮直立。在花朵的中心有一个绿色的圆柱，那是厚朴的雌蕊群；雄蕊群的下部有几十枚红色雄蕊。

花落以后，那些雌蕊群不断长粗长长，会变成一个微型"狼牙棒"（果实）。厚朴的果实是一种聚合果，由很多个雌蕊聚合发育而成。而厚朴的每一个小果的先端有一个弯曲尖锐的长喙，内含种子1~2粒，成熟后开裂露出鲜红色种皮。

厚朴有很高的观赏性。同时，厚朴的皮、花均为著名中药；种子可榨油；其木材优良，可供建筑、板料、家具、雕刻、乐器、细木工等用。

东坡调侃姜至之

某日，苏东坡与友人姜至之饮酒。姜至之乘兴调侃他是一味中药"紫苏子"。东坡先生灵机一动，反唇相讥道："先生也是一味中药，不是'半夏'，就是'厚朴'。"姜至之茫然不知其故。东坡先生说："不是'半夏''厚朴'，何以用'姜制之'？"这是因为古代医家认为半夏、厚朴有毒，需用姜炮制后才能入药。

还有一个小知识要提醒大家：厚朴不宜与豆类一起食用，因为二者在一起容易产生不易消化吸收的鞣质蛋白，致使豆类难以消化，形成气体壅塞肠道，导致腹胀。

NO.23 鹅掌楸

中国的郁金香树

偶遇地：
___年___月___日

　　鹅掌楸（qiū）为木兰科鹅掌楸属，别称马褂木，是中国特有的珍稀植物。它的小枝呈灰色或灰褐色，叶形如清代的马褂；花单生枝顶，花被片9枚，外轮3片萼状、绿色，内二轮呈花瓣状、黄绿色，基部有黄色条纹，形似郁金香。因此，它的英文名称是"Chinese Tulip Tree"，意为"中国的郁金香树"。

第二章 被子植物·乔木

鹅掌楸是中国特有的珍稀植物，为第四纪冰川孑（jié）遗树种，具有1亿年以上的历史。鹅掌楸属现仅存2种，除该种外，还有北美鹅掌楸。

鹅掌楸的叶片大，顶部平截，犹如马褂的下摆；叶片的两侧平滑或略微弯曲，好像马褂的两腰；叶片的两侧端向外突出，仿佛是马褂伸出的两只袖子，因而又叫"马褂木"。而它那淡绿色的花形似郁金香，因此有"中国的郁金香树"之称。

鹅掌楸是落叶大乔木，高可达40米甚至更高，胸径可达1米以上，小枝呈灰色或灰褐色。幼年的树木耐阴，长大后却喜爱阳光，10~15年后进入开花结实期，一般在5~6月开花，9~10月果实成熟。它喜温暖湿润的气候条件，有一定的耐寒性，在深厚、肥沃、排水良好的酸性至微酸性土壤中生长较佳，对病虫害抗性极强。

鹅掌楸树体高大粗壮，树干通直光滑，花大而美丽，春季枝繁叶茂，夏季繁花满树，秋季叶色金黄，是珍贵的行道树和庭院观赏树种。其木材通直，材质细密，硬度适中，是较好的材用树种，也可供建筑使用或制造家具等。它的叶和树皮均可入药，有祛风除湿、散寒止咳的作用，主治风湿痹痛、风寒咳嗽等疾病。

明星树

鹅掌楸可以算是明星植物了。早在2006年3月12日，鹅掌楸就入选"孑遗植物"邮票；2007年被优选为"奥运树"，栽培于奥运场馆周围；2008年随"神舟七号"作为珍稀濒危植物搭载上天，进行了太空育种试验。

NO.24 霜叶红于二月花 枫香

枫香为金缕梅科枫香属落叶乔木。其树皮呈灰褐色，以方块状剥落，小枝呈灰色，被柔毛，略有皮孔；叶呈掌状3裂；雌雄异花，雄性呈短穗状花序，雌性呈头状花序；头状果序为圆球形。枫香原产于中国秦岭及淮河以南各省，亦见于越南北部、老挝及朝鲜南部。枫香树在园林主要作庭荫树，因有较强的耐火性和对有毒气体的抗性，可用于厂矿区绿化。

金秋十月，当我们看到那层林尽染的锦绣世界，一定会想起唐代诗人杜牧的"停车坐爱枫林晚，霜叶红于二月花"。这里诗人所看到的红叶树其实就是枫香。

枫香产于中国，北起鲁豫、东至台湾、西至云贵川及西藏、南至广东都有枫香分布。青岛地区普遍栽培枫香，在中山公园有成型的大树，宁夏路的行道树里也有枫香树。

枫香是高大的落叶乔木，树干通直、高大挺拔，深秋红叶艳艳、灿若披锦。园林中常以枫香伴以银杏、无患子等黄叶树种为背景树，下栽常绿小乔木，间以槭类花树来丰富园林景致。

枫香树叶的颜色一年四季都有不同：早春的新叶殷红似芳菲；炎夏满树浓荫如华盖；秋季叶片或红或黄，呈现出一片绚丽多彩的中秋景色；临冬叶落果熟，只余枝干。

枫香花是单性的，也就是有雄花和雌花之分，但它们长在同一株树

上,无花瓣。球形的蒴果很像悬铃木的球果,木质有短刺。种子成熟后会从球果中脱落,在球果表面形成一个个的小洞,因这些小洞相互连通所以就有了"路路通"的别称。

枫香喜欢温暖湿润的气候,主根又粗又长,抗风力强。种子有隔年发芽的习性,不耐寒,黄河以北不能露地越冬。

除了观赏以外,枫香树浑身是宝。枫香树木材坚硬,可制家具及贵重商品的装箱。同时,它的树脂、根、叶及果实均可入药,有祛风除湿、通络活血的功效。

枫树和枫香是一种树吗?

枫香叶较薄,呈掌状3裂。有人考证,古人所说的"枫树"实际上就是指枫香树。其名字的由来可能和其叶子有关系:"枫之叶有岐,作三角,犹如山之三峰,故名'枫树'。"这里"枫"是"峰"的假借。枫香的树脂是一种香料,称为"白胶香",因是枫树所产也称为"枫香",久而久之人们就用枫香称呼这种树了。而平常我们说的"枫树"是槭树科的,与枫香的关系较远。

强筋健骨
杜仲

偶遇地：
___年___月___日

> 杜仲为杜仲科杜仲属落叶乔木，又名丝连皮、丝棉皮、玉丝皮、胶木等。其树皮为灰褐色，小枝光滑，呈黄褐色或较淡，具片状髓，皮、枝及叶均含胶质。杜仲是我国特有的珍贵树种，以前主要分布在长江中下游及南部各省，现各地广泛种植，其树皮为珍贵滋补药材。

　　五年级的时候我搬家了，在新家院外的绿地里长着一棵和我手腕差不多粗的小树。一次偶然的机会我撕了一片树叶，这时奇怪的事情发生了：撕裂的叶子里竟然扯出了一根根洁白的丝，而且可以拉长十厘米左右都不断。当时觉得它像蚕或者蜘蛛在吐丝，绵绵不绝的样子。我甚至认为蚕要吃了这种叶子会吐出更多更好的丝来。于是，我便摘了叶子去喂蚕，让我失望的是，它们宁愿挨饿也不会尝半口。不过从此以后只要一见到这种树，年少的我就会摘下它的叶子，撕扯出丝来玩。

　　后来学了植物学才知道它的中文名叫"杜仲"，不仅是叶子能扯出丝来，它的皮也是这样，因此杜仲有"丝连皮"和"扯丝皮"的俗名。

杜仲属于杜仲科杜仲属下唯一的一个种，为中国的特有种，现已作为稀有植物被列入《中国植物红皮书——稀有濒危植物》第一卷。杜仲为落叶大乔木，树皮呈灰褐色、粗糙，内含杜仲胶。嫩枝有黄褐色的毛，不久就脱落了，杜仲小枝是没有顶芽的。杜仲为单叶互生，叶呈椭圆形，表面叶脉凹陷明显。它的花是裸花、没有包被，即没有花萼和花瓣。并且，杜仲的花分雌雄，不同时长在一棵树上，要想结实必须同时栽植雌树和雄树。它的雄花数朵簇生在枝条下部，每朵雄花有4~10根长条状雄蕊，是名贵的药材；雌花是负责结果的，在10月以后会在枝头结出一簇簇扁平绿色的翅果，内有一粒种子。

杜仲喜温暖湿润气候和阳光充足的环境，耐严寒，适应性很强，对土壤没有严格选择，在青岛地区能很好地生长，莱阳路8号院内有长成的大树。青岛市在20世纪60年代曾大批引进杜仲，在公园、游园及庭院栽植；还曾创造出"杜仲树大面积环状剥皮再生和组织学研究"技术，解决了前人一直没解决的杜仲取皮后死亡的问题。

杜仲树名的由来

古时候，有位叫杜仲的大夫。一天他进山采药，偶尔看见一棵树的树皮里有像"筋"一样的多条白丝"筋骨"。他想人若吃了这"筋骨"，会像树一样筋骨强健吗？于是下决心尝试。几天后，他不仅无不良反应，反而自觉精神抖擞，腰、腿也轻松了。又服用一段时间后，奇迹出现了，杜仲不仅身轻体健，头发乌黑，而且得道成了仙人。

人们知道了这种植物后，把它叫"思仙""思仲"，后来就干脆将它唤作"杜仲"。

NO.26 江南"风水树" 香樟

香樟为樟科樟属常绿大乔木。它幼时树皮为绿色、平滑，老时渐变为黄褐色、纵裂；叶片互生，呈卵状椭圆形；花生于叶腋内，为黄绿色花朵，小而繁多，芳香四溢；果实为卵球形或近球形，成熟后变紫黑色。

香樟树广布于长江以南，其刚直挺拔的枝干、婉约的花朵、浓郁雅致的香气，一直为人们所喜爱。江南地区自古即有"前樟后朴"的习俗，将樟树栽种于房前，其荫蔽能遮暑气，其香馨可驱蚊虫，现在在很多民间老宅或寺院庙宇都能看得到这种景观。但由于其产在江南，人们怕它无法适应青岛的气候，就曾经发生过这样的一次社会争论：香樟树能否作行道树？后经过栽种试验，发现其生长状态非常不错，譬如在植物园内森林乐园湖边北坡就生长着几株大香樟树，其中一棵高达12米。

据李时珍的《本草纲目》记述："其木理多文章，故谓之樟。"古

人也由此将香樟与文章才华、官位仕途联系起来。白居易曾作寓意诗:"豫樟生深山,七年而后知。挺高二百尺,本末皆十围。"以樟树比喻国家的栋梁之才。因此,国内很多城市不约而同地将樟树选为市树,并且江西还有一个"樟树市"。

樟树的生长速度中等,寿命长,可以长为成百上千年的参天古木,南方经常把香樟称为村落的风水树。

江南人为什么要在门口栽香樟树?

香樟木制作的箱柜可以防止蠹虫侵袭且没有卫生球的刺鼻气味,自古为江南人所爱。到江南旅游经常会听导游介绍当地的传统:当女儿出生时,就要在门口栽种一棵香樟,一者为女儿祈福,二者当女儿出嫁时,樟木即可作嫁妆之用。

"行道树之王" 悬铃木

NO.27

偶遇地：____
__年__月__日

悬铃木为悬铃木科悬铃木属落叶大乔木，又名法国梧桐。悬铃木树冠广阔，树皮呈不规则片状剥落，光滑；具柄下芽；单叶互生，叶大，呈掌状裂；花期在4~5月，头状花序为球形，9~10月果熟，坚果有长毛。

悬铃木分布于东南欧、印度和美洲，中国引入栽培的有3种，可供观赏用和作行道树。它树形高大，枝叶茂密，是世界著名的优良庭荫树和行道树，有"行道树之王"的称号。因其在盛夏之际，树枝上会挂起一个个像铃铛一样的球形果实，故人们便称其为"悬铃木"。

悬铃木树冠为阔钟形，叶片为阔卵形、掌状；喜光，喜温暖湿润气候，寿命长，中国从北至南均有栽培。因生长迅速、繁殖容易、叶大荫浓、树姿优美，同时还有净化空气的作用，悬铃木成为一种很好的城乡"四旁"绿化树种。

据文献记载，悬铃木（三球）在中国晋代即从陆路传入中国，被称为祛汗树、净土树。相传为印度高僧鸠摩罗什入中国宣扬佛法时携入栽植，西安市西南户县鸠摩罗什庙曾有两株大树，直径达3米，20世纪50年代尚有一株成活，其寿命已达一千六七百年（在原产地土耳其有四千年的古树）。悬铃木虽然传入中国较早，但长时间未得继续传播。

青岛老城区的大学路、延安一路等道路的悬铃木行道树树龄较大，形成了特有的景观。特别是大学路，不宽的马路，干净的街道，两边风格迥异的建筑，各类休闲酒吧与特色小店，再加上这些悬铃木，使得整个街道极富欧陆风情。这里的悬铃木体态匀称粗壮，枝叶异常繁茂，经过修剪的树枝密密地遮盖了路的上空，在烈日炎炎的夏季，这里绝对可以称得上是避暑的世外桃源。

青岛的"法桐"

悬铃木在青岛还有一个名字："法国梧桐"，简称"法桐"。其实"法国梧桐"并非原产于法国，而是中世纪时期英国人杂交培育出来的新种，原来叫作"伦敦梧桐"。20世纪初，因最先由法国传教士将其传入上海，人们就将其称为"法国梧桐"了。青岛当时的城市规划也引种了大量的法国梧桐。有意思的是，青岛的法国梧桐比上海的更浓密有致，同时又不像南京古木参天的大梧桐那么古朴肃穆，显得婀娜多姿，算是具有独特的青岛风情吧。

NO.28 药果兼用 山楂

山楂为蔷薇科山楂属落叶小乔木,又名山里果、山里红。其树皮粗糙,树枝幼时为紫褐色,长大后变成灰褐色;叶片较宽,向内翻卷;4~6月开花,花朵呈白色,花药呈粉红色;果实数个聚集在一起生长,表面有浅色斑点,成熟后呈深红色。

青岛中山公园东南侧的一条谷地的北坡上,生长着一片原生的山楂树。每年四月中旬,随着气温的回暖,山楂树就挂上了白色的花蕾,夹杂一点点粉红,很招人喜爱。山楂花虽没有芬芳的香味儿,却也招得蜜蜂穿梭飞舞其间。花落后果实累累,秋天变红后煞是好看。

山楂的适应性强,喜欢凉爽、湿润的环境,对土壤要求不严格,但在土层深厚、质地肥沃、疏松、排水良好的微酸性沙壤土中生长良好。

山楂是核果类水果,核质硬,果肉薄,味微酸涩。果可生吃或做果脯果糕,干制后可入药,是中国特有的药果兼用树种。青岛莱西出产的山楂口感绝佳,酸甜适度,风味独特。闻名遐迩的"青岛糖球会"多以莱西山楂为原料。

近年来，因一本讲述知青爱情的小说《山楂树之恋》的畅销，加上张艺谋将此小说拍成电影搬上银幕，山楂树成了纯洁爱情的代名词。

另外，青岛中山公园内还有一株山楂的欧洲亲戚——欧楂。它的叶片、花朵和果实均较山楂大，果实类似海棠和玫瑰果的杂交，颜色类似鸭梨的颜色。在保鲜和运输技术不发达的时代，欧楂曾经是重要的水果。它还有一个比较奇葩的地方，就是成熟后的果子是不能直接吃的。刚从树上掉下来的果实都硬得跟石头似的，须得拿回家去放上一段时间，等它开始腐烂变棕变软了，那才能吃呢。

可食可药的冰糖葫芦

山楂本是北方的特产，北京的冰糖葫芦特别有名，晶莹的糖膜里映出红宝石样的鲜果，葫芦状的图案造型，还带着甜香，真可说是可看、可玩、可吃、可药了。说到"冰糖葫芦"的由来，还有这样一段故事：南宋绍熙年间，宋光宗最宠爱的妃子病了，面黄肌瘦，不思饮食，身体衰弱，御医用了许多贵重药品，都不见效。于是，宋光宗张榜招医。一位江湖郎中揭榜进宫，为贵妃诊脉后说："只要将山楂与红糖煎熬，每饭前吃五至十枚，半月后病准能见好。"贵妃按此法食用后，果然不久病就痊愈了。后来，这种酸脆香甜的蘸糖山楂传入民间，就成为冰糖葫芦。

NO.29

案头清供
木 瓜

偶遇地：
___年___月___日

> 木瓜为蔷薇科木瓜属落叶灌木或小乔木，又名木李、光皮木瓜。其树皮呈片状脱落，枝条婀娜多姿，叶片呈椭圆卵形或椭圆长圆形，也有呈倒卵形的。木瓜每年4月开花，花朵单生于叶腋，花色粉红，果实在9~10月成熟。

提到木瓜，我们首先想到平常在超市里看到的一种水果，但其实它的名字应该叫"番木瓜"。而我们今天说的木瓜是蔷薇科的一种，也叫作"木瓜海棠"，是"海棠四品"之一。它吃起来比番木瓜的味道要差很多——酸，还带有些许生涩。通常是将其用蜜煮透做成蜜饯，去掉酸涩味儿，增加甜度后再食用。

木瓜的果实呈长椭圆形，嫩时为浓绿色，以后慢慢变为金黄色，清香怡人，映衬在绿叶间颇为动人。其果皮干燥后仍光滑、不皱缩，故有"光皮木瓜"之称。

木瓜喜温暖环境、耐热，也耐寒，但不耐阴。它对土质要求不严，但在土层深厚、疏松肥沃、排水良好的沙质土壤中生长较好，低洼积水处不宜种植。青岛市区的中山公园、植物园内均有栽培，崂山风景区内的道教庙宇太清宫、白云洞、华楼宫院中都有百年以上的木瓜树。

同时，木瓜也是制作盆景造型的优良树种，可栽植于园林、庭院中供观赏。木瓜的果实味涩，水煮或浸渍糖液中可制成果汁、果酱、果脯等，也可入药。木瓜果实成熟后会有浓郁的香气，是古时文人案头的"清供"之一，通常与菖蒲、水仙和佛手共称为"岁朝清供"。

《诗经·国风·卫风·木瓜》

投我以木瓜，报之以琼琚，匪报也，永以为好也。
投我以木桃，报之以琼瑶，匪报也，永以为好也。
投我以木李，报之以琼玖，匪报也，永以为好也。

这是一首优美的抒情诗，诗句简洁易懂，赞美了爱情的美好。本诗从字面描写看，写的是两个人之间相互赠送礼物，而实质上是写一个男子与钟爱的女子互赠信物以定同心之约。作者胸襟之高朗开阔，已无衡量厚薄轻重之心横亘其间。他想要表达的就是：珍重、理解他人的情意便是最高尚的情意。

NO.30 看门护院 杜梨

偶遇地：_____
___年___月___日

杜梨为蔷薇科梨属落叶乔木，又名土梨、野梨子。其树冠开展，枝常有刺；叶呈菱状卵形至长圆形，伞形总状花序；果实近球形、褐色，花期在4月，果期在8~9月。杜梨原产自中国平原或丘陵阳坡，抗干旱、耐寒凉，通常用作各种梨的砧木，结果期早，寿命很长。

杜梨也是梨，是一种"原始乡土"的梨，可以作嫁接鸭梨树的砧木。青岛周边的杜梨一般长在山坡河崖、乱坟岗子之类的荒僻地方。

清明前后，杜梨带刺的枝条上会吐出一簇簇的花骨朵，袭人的清香便飘荡在整个山坡。它的花期不长，开花时10~15朵小花集成一簇，称作伞形总状花序。其花瓣为白色，花蕊为紫红色，

有2~3个花柱。花期过后杜梨上会长出一串串翠绿色的小豆豆，那是它的幼果。随后的日子，其果实会一天天长大，最终长到樱桃般大小，颜色也由绿变褐。梨果近球形，果赭石色，直径1~1.6厘米。一串串成熟的杜梨挂在高高的树上，仿佛一串串褐色珍珠在阳光下熠熠闪烁。但这个时候的杜梨还未成熟，味道苦涩。要到秋后，特别是下霜后，杜梨变黑、变软，味道才变得酸甜可口。

杜梨分布于我国中东部，系落叶乔木，一二年的小枝有毛，有部分小枝变成棘刺状；叶片是菱状卵形或狭长的圆卵形，叶片边缘有锯齿，幼叶密被灰白色绒毛，成长后脱落。

杜梨在北方可用作防护林与水土保持林。其木材致密坚硬，可用作雕刻木雕、印章等；枝叶、树皮和果实均可入药。

"看门护院"本领大

杜梨的枝刺是由小枝变态而成，粗壮且不易脱落，长约3厘米，刺伤性很强。古人用它来堵在院门口，防止野兽窜入，这可能就是杜梨名称的由来。杜梨在有的地方被称为杜树，而"杜"的原意是指可以用来堵塞门洞的树木。

花贵妃 西府海棠

NO.31

偶遇地：____年__月__日

西府海棠为蔷薇科苹果属落叶小乔木，又名小果海棠、海红。其树枝直立性强，小枝细弱，呈紫褐色；叶片呈椭圆形，边缘有尖锐锯齿，嫩叶被毛，老时脱落；伞形总状花序，有花 4~7 朵，集生于小枝顶端，花瓣基部有短爪、粉红色；果实近球形、红色；花期在 4~5 月，果期在 8~9 月。

在青岛中山公园会前村遗址北侧有一条小路，每年春末这条路两侧的花树开得十分繁茂，惹得游人不停地赞叹："这双樱开得真好！"其实，这并不是什么双樱，而是西府海棠。

海棠花是中国的传统名花之一，其花姿潇洒，花开似锦，自古以来是雅俗共赏的名花，素有"花中神仙""花贵妃"之称，更有"国艳"之誉。西府海棠因生长于西府（今陕西省宝鸡市）而得名，又名"海红"。

西府海棠为中国的特有植物。它的树枝直立性强，每一枝条都峭拔

着向上,在春风里尽显婀娜之态。

西府海棠花期在4~5月,花蕾与叶同时绽出,饱含娇嫩的朱红,这也是它花色最红的时段,而到含苞待放之时就是胭脂红了。古人诗词所称的"醉海棠"或"睡海棠"多是指此时。一旦盛开,其花迅速褪色而变成淡粉,进而变成粉白,最后在春风里粉蝶飘飘,化作春泥。

海棠花在谷雨时节开放,所以古人将其当作春末的标志。海棠盛开,表示春天即将暮去,春光苦短,才有李清照的一阙《如梦令》:"昨夜雨疏风骤,浓睡不消残酒。试问卷帘人,却道海棠依旧。知否?知否?应是绿肥红瘦。"

每年8~9月,海棠圆扁球形红色或黄色的果实便挂在枝头了。海棠果的味形皆似山楂,酸甜可口,可鲜食或制成蜜饯。

西府海棠喜光,耐寒,忌水涝,忌空气过湿,较耐干旱,萌发力强。因为西府海棠的花多生长在短枝上,所以修剪时不能对其高挑的长枝进行短截,否则会影响其开花并破坏树形。

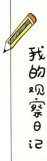

我的观察日记

花开如醉妃
垂丝海棠
NO.32

垂丝海棠为蔷薇科苹果属落叶小乔木,又称"垂枝海棠"。垂丝海棠树冠开展,有伞房花序,具小花4~6朵,花梗细弱下垂,有稀疏柔毛,紫色;花瓣为倒卵形,基部有短爪,粉红色;花期在3~4月,果期在9~10月。

垂丝海棠区别于其他海棠的特征,是它的花长在一根长长的花梗上,所以称为"垂丝"。微风拂过,随风摇曳,别有一番趣味。杨万里在《垂丝海棠》中有"无波可照底须窥,与柳争娇也学垂"的诗句,就准确地描写了垂丝海棠的形态。

垂丝海棠树一般高3~5米,是园林树木中的"小个子"。它的枝干峭立开张,树皮呈灰褐色、光滑;枝条有长短枝之分,主干或大枝上会抽生出旺盛的长枝。这种长枝在第二年会在中下部萌发出很多长度只有几厘米到十几厘米的短枝,垂丝海棠的花只着生在短枝上。有一些短枝还会不分化花芽而变成棘刺状。垂丝海棠的花是先叶开放或与叶同放的,4~6朵聚成一簇形成植物学上所说的伞房花序。其花梗细弱下垂,仔细

看会发现稀疏的柔毛，呈亮紫色，待到含苞待放时是深红色，盛开时会变淡呈水红色。其果实就像一个缩小到花生米大小的苹果，略带紫色，成熟很迟，果子可以在树上一直悬挂到来年春季。冬春季节垂丝海棠会成为小鸟的免费食堂，喜欢观鸟的朋友守在树旁就会有不少收获。但它的果子只有在经霜后才可入口，否则酸涩无比。

垂丝海棠的原产地在我国西南、中南、华东等地，现全国各地广为栽培。它喜阳光、不耐阴，这也是很多蔷薇科观花植物的共同习性。

青岛的垂丝海棠零散分布于城市绿地和庭院中，中山公园原旋转木马场地附近有两株垂丝海棠大树，每到花期其花瓣呈玫瑰红色，朵朵弯曲下垂，如遇微风花枝飘飘荡荡，娇柔红艳，远望犹如彤云密布，美不胜收。

西府海棠、垂丝海棠是近亲

明代《二如亭群芳谱》中所说的"海棠四品"，即园林花卉中的四种木本海棠，分别指西府海棠、垂丝海棠、贴梗海棠和木瓜海棠。前两个结果子的海棠是近亲，后面两个干脆只是名为海棠而已。因为四种海棠都属于蔷薇科，前两种是苹果属，而后两种是木瓜属。

二月花神
杏
NO.33

杏为蔷薇科杏属落叶乔木。其叶互生，叶缘有钝锯齿；近叶柄顶端有二腺体；淡红色花单生或2~3个同生，呈白色或微红色；核果，核面平滑；花期在3~4月，果期在6~7月。

初春时节步入崂山，在山野苍翠的松林外，粉白粉红的杏花簇拥在一起，如灿烂的云霞，色调鲜明。山里的杏花要比山外开得晚，一树一树的杏花，有白中透着粉红的，有淡淡的红中透着乳白的，汇成花的海洋。树有近一抱粗的，也有碗口粗的，高高矮矮，错落有致，都披了一身或粉白或粉红的花儿，笑盈盈地站在春光里，明媚成灿烂的风景。

杏3~4月开花，杏花花瓣外部有紫红色花萼，开放后花萼会向后翻折。杏花有变色的特点，含苞待放时朵朵艳红，开放后色彩由浓渐渐转淡，到雪白一片时就该落花飘零了。正如宋代诗人杨万里的诗中所写："道白非真白，言红不若红，请君红白外，别眼看天工。"

杏花还是我国传统花神传说中的"二月花神"，所以古人也把二月或春天的月份称为"杏月"；清明时节正值杏花盛开，所降之雨称为"杏花雨"，进而延伸为春雨的代名词，正所谓"沾衣欲湿杏花雨，吹面不寒杨柳风"。

据记载，明代山东即墨望族黄氏家族于1522年在石门山西麓建书院（下书院）一处，并在书院前后栽种杏树，经数年精心培育，结出的红杏品质出众，号称"黄氏红杏"。官拜兵部尚书的黄嘉善省亲返京之时，携带红杏一篓献于万历皇帝。万历帝观其形、察其色、品其味，龙颜大悦，遂赐此杏为"关爷脸杏"。

现在，杏也是青岛常见的水果之一，味甜多汁营养极为丰富。它原产于中国，是我国最古老的栽培果树之一。它的适应性强，深根性、喜光、耐旱、抗寒、抗风，寿命可达百年以上，为低山丘陵地带的主要栽培果树。

第二章 被子植物·乔木

少山的杏子大又甜

夏庄街道少山社区盛产的红杏以口感好、个大而远近闻名,每年到杏子熟时来少山品尝杏子的游客络绎不绝。在少山能品尝到小麦黄、大麦黄、观音脸、柞石、甜杏、扬纪元、扁杏、草杏、少山红等很多杏子品种。

香自苦寒来
梅花

NO.34

偶遇地：
___年___月___日

梅花为蔷薇科李属落叶小乔木，又名梅、春梅、干枝梅、酸梅、乌梅。其树皮为浅灰色、平滑；小枝为绿色，光滑无毛；叶片呈卵形或椭圆形，先端尾尖，叶柄常有腺体。梅花与兰花、竹子、菊花一起列为"四君子"，也与松树、竹子一起被称为"岁寒三友"。

梅花对于中国人来说是十分重要的，是中华民族的精神象征，象征坚韧不拔、不屈不挠、奋勇当先、自强不息的精神品质。前一段时间的国花之争就有梅花、牡丹双国花的方案。

梅树早在先秦时期就已为人所知，但当时主要是利用梅子做调味品。如今我们耳熟能详赞颂梅花的诗句，大都出自宋朝。也就是说，直到宋朝梅花才成为观赏的对象。"疏影横斜水清浅，暗香浮动月黄昏。""梅须逊雪三分白，雪却输梅一段香。"从这些诗句中可知人们主要是喜爱和赞美梅花洁白的外表、清香的特质，以及傲雪怒放的顽强精神。

梅花的花萼通常为红褐色，但有些品种的花萼为绿色或绿紫色。萼片紧贴在花瓣背面，这是区分梅花和杏花的重要特征。梅花的果实近球形，呈黄色或绿白色，被柔毛，味酸。其果肉与核粘贴，核为椭圆形，腹面和背棱上均有明显纵沟，表面具蜂窝状孔穴。通俗一点说，梅花的果实外形像缩小的杏，吃完后的果核又像缩小的桃核。

关于梅花，很多人会将其和蜡梅混淆，但蜡梅属于蜡梅科蜡梅属植物。两者最易区别的形态是花色：梅花是红白两色（浓淡会有变化），而蜡梅是蜡黄色，再就是蜡梅的香气明显浓郁。宋代王安石的《咏梅》："墙角数枝梅，凌寒独自开。遥知不是雪，为有暗香来。"写的可能就是蜡梅。

梅花原产于中国，栽植历史已有4000年，品种及变种很多，大品种有30多个，小品种有300多个，具有极高的观赏性及药用价值。其果实可食，盐渍或干制，或熏制成乌梅。

林逋善咏梅

北宋处士林逋（和靖）隐居于杭州孤山，不娶妻无子嗣，只植梅放鹤，称"梅妻鹤子"，被传为千古佳话。他的《山园小梅》中的"疏影横斜水清浅，暗香浮动月黄昏"是梅花的传神写照，被誉为千古绝唱。这首诗不仅把幽静环境中梅花的清影和神韵写绝了，而且还把梅品、人品融汇到一起，其中"疏影""暗香"两句引起了许多文人的共鸣，从此以后，咏梅之风日盛。

李子

NO.35

偶遇地：
___年___月___日

李子为蔷薇科李属落叶乔木，又名"玉皇李""中国李"。其树冠为广圆形，树皮呈灰褐色，小枝呈黄红色，老后变成紫褐色或红褐色，叶片圆润深绿，叶形优美。李子先叶开花，花通常3朵并生，白色；花期在4月，果熟在7~8月，果实是人们喜欢的水果之一。

李子树树皮起伏不平，冬芽为卵圆形、红紫色；叶片幼时齿尖带腺，有时在叶片基部边缘有腺体；花通常3朵并生，花梗1~2厘米，通常无毛。李子花直径1.5~2.2厘米，长约5毫米，花瓣为白色带紫色脉纹，具短爪；核果为球形，呈黄色、红色、绿色或紫色，外被蜡粉。

李子的果实饱满圆润、玲珑剔透、形态美艳、口味酸甜，是一种美

味且营养丰富的水果。并且,李子中抗氧化剂的含量惊人,堪称是抗衰老、防疾病的"超级水果"。但李子味道较酸,果肉经常粘在果核上,皮也较厚,所以许多人不太喜欢它。另外,民间有俗语:"桃养人,杏伤人,李子树下抬死人",说明再好的东西也有负面作用,李子不宜多吃。

现在,我们在超市里还会看到李子的"洋亲戚"——黑布朗(或叫黑布林)。它是美国科研人员经过几十年的努力,从中国李和欧洲李的杂交后代中选育出的一种新型高档水果品种,也叫"美国黑李"。它以形状奇特、色彩艳丽、风味香甜、较耐贮藏等特点而深受消费者欢迎。

李子成语趣谈

《世说新语·雅量》中记载了竹林七贤之一的王戎小时候的一则故事:王戎七岁的时候,和小朋友们一道玩耍,看见路边有株李树,结了很多李子,枝条都被压断了。那些小朋友都争先恐后地跑去摘,只有王戎没有动。有人问他为什么不去摘李子,王戎回答说:"这树长在大路边上,还有这么多李子,这一定是苦李子。"大伙儿摘下来一尝,果然是这样。后来这成为一个成语"道旁苦李",也叫"路边苦李",比喻被人所弃而无用的事物或人。

美人之喻
桃

偶遇地：
___年___月___日

> 桃为蔷薇科桃属植物落叶小乔木，又称"毛桃"。其叶为窄椭圆形至披针形，先端长而细，边缘有细齿，叶基具有紫黑色凸起的小点；花单生，有短柄，早春开花；近球形核果，表面有毛，有带深麻点和沟纹的核，内含白色种子。

说到桃，老青岛人首先想到的是中山公园的水蜜桃。青岛建制之初曾引导周边的农民试种桃树，优质的管理和适宜的环境使这里出产的桃子成了鼎鼎有名的优质水果。特别是当时的农林所在太平山脚下设立的一处桃园，出产的桃子非常热销，甚至曾一度行销京津。不过，随着城市的扩展和人口的增加，如今别说吃到青岛水蜜桃了，就是见到也很难。

除了食用的品种外，在城市绿地里还可以看到很多的桃树观赏品种，如山桃、碧桃等。山桃的花萼光滑，有5枚花瓣；碧桃常见的品种有红碧桃和白碧桃，近年来还培育出花和叶都是紫红色的紫叶桃。

阳春三月，桃花吐妍。古代的文人墨客向来不吝惜辞藻来描绘桃花，正如诗中所说："千朵浓芳绮树斜，一枝枝缀乱云霞。凭君莫厌临风看，占断春光是此花。"

桃花花期虽短，但艳丽、妩媚，常被人们用来比喻美人。《诗经·周南·桃夭》有云："桃之夭夭，灼灼其华。之子于归，宜其室家。"待到唐朝，崔护有诗："去年今日此门中，人面桃花相映红。人面不知何处去，桃花依旧笑春风。"但后来桃花在人们心中的地位逐渐没落，成为牡丹等花卉的陪衬了。

古人认为，桃有仙缘，连桃木都有仙气。先秦古籍中，就有桃木能避邪的记载，据说一切妖魔鬼怪见了桃木都会逃之夭夭。"桃弧棘矢，以除其灾"说的就是为了祈福祛秽，用桃木制弓，用枣木做箭。古时人们为了避邪还会在门上悬挂桃木印，在门口竖立桃木人，到处泼洒桃木煮成的汤；或者干脆用桃木制符，钉在门板上。

人面桃花

唐代孟棨在《本事诗·情感》记载了一则唐诗故事：博陵名士崔护考进士落第，心情郁闷。清明节这天，他独自到城南踏青，见到一所庄宅，四周桃花环绕，景色宜人。适逢口渴，他便叩门求饮。不一会儿，一美丽女子打开了门。崔护一见之下，顿生爱慕。第二年清明节，崔护旧地重游时，却见院墙如故而门已锁闭。他怅然若失，便在门上题诗一首："去年今日此门中，人面桃花相映红。人面不知何处去，桃花依旧笑春风。"以后，人们便以"人面桃花"来形容女子的美貌或表达爱恋的情思。

漫天飞舞 樱花

NO.37

偶遇地：
___年___月___日

樱花为蔷薇科樱属，又称"日本樱花""东京樱花"。它属落叶乔木，树皮呈灰色；小枝呈淡紫褐色，嫩枝呈绿色；叶缘有锯齿，花序伞形总状，先叶开放，花瓣呈白色或粉红色，核果呈黑色，花期在4月，果期在5月。

在青岛，一说起樱花，人们首先会想到中山公园的樱花大道。一到四月赏樱的时候，茂密的樱花树下，游人摩肩接踵，熙熙攘攘，笑逐颜开。满园的樱花甚是惹眼，白的似雪、粉的似霞，姹紫嫣红，令人赏心悦目。

游人们在樱花树下如醉如痴，流连忘返。老人们三三两两，在树下闲谈；顽皮的孩子们在树下追逐嬉戏。这一切，好似一幅宁静祥和的画卷。

樱花是蔷薇科樱属樱亚属落叶性树木的统称，主要分布在北半球温带，原生种多分布在云南、四川、西藏等地，北美、欧洲等地方也有少量的原生种分布。栽培品种方面，以日本为多，也最著名。

樱亚属植物多为落叶乔木，也有少部分灌木。其树皮为紫褐色，有光泽，细长的横形皮孔散布在树干上。樱花枝条大多横向斜上生长，但同一品种内的个体差异较大，也有像垂柳一样下垂生长的垂枝形樱花。

樱花通常2朵以上集中形成花序。其花直接生出的柄称为小花柄，小花柄基部有一个苞片，苞片边缘有齿，齿端有小腺体。小腺体的形状

是鉴别群的重要特征。野生的樱花花瓣为 5 个，由野生个体向栽培品种有着单瓣向半重瓣、菊瓣的变化。

樱花的叶为单叶，叶身的先端为锐尖形，叶缘有锯齿，其形态是区别种和群的重要特征；叶柄基部有一对托叶，叶长成时脱落，叶柄的上部或叶身的基部有蜜腺，叶嫩的时候有蜜。

樱花的果实一般为球形，初期为绿色，成熟期因品种不同为黄色、红色或黑色。其果实的味道在个体间有很大差异，完全成熟后也会残留苦味，有一种说法是樱花为扩大分布区域而讨好爱食苦味的鸟类。

樱花不仅精美，还可以供药用。它的皮、木材可用于咳嗽、发热等症状的治疗；樱花具有良好的收缩毛孔和平衡油脂的功效，是用来保持肌肤年轻的青春之花。

青岛的樱花来自何处？

近年来每当樱花开时媒体会就"樱花的起源"打"笔仗"。最早是日韩媒体，后来又有"中国樱花产业协会"在广州召开新闻发布会，称樱花真正的起源地是中国，且有日本权威的樱花专著证实。那么岛城的樱花的老家到底在哪？据说，目前中山公园的樱花树种中，有些来自崂山、太平山等地的野生树种，有些来自德国人的引种及中日交流的樱花树种。

幽香淡淡 合欢

NO.38

偶遇地：____
___年___月___日

合欢原产于中国、日本、朝鲜半岛，为豆科合欢属落叶乔木，又名芙蓉树、马缨花、绒花树。其树冠开展，树皮呈灰色，较光滑；二回羽状复叶，头状花序，合瓣花冠，雄蕊多条，呈淡红色；荚果呈条形，扁平不裂；花期在6月，果期在8~10月。

记得小时候，我家门外有一株美丽的花树。这树有着光滑的树皮，由很多像月牙一样的小叶子组成一片大叶子，特别像一串排列整齐的鞭炮。每年初夏，它会开出半红半白、形似绒扇的花，微风吹来淡淡的香味沁人心脾。奶奶说将这种花摘下来洗净晾干，加蜂蜜当茶泡水喝，可以治疗失眠。不过，当时大人们都把这种花称作"芙蓉"，后来学习了园林专业才知道它的真实名字是"合欢"。

合欢是落叶乔木，有着灰色的树皮，较光滑；叶片是植物学上讲的二回羽状复叶，也就是说合欢小枝上长有一枚总叶柄，在总叶柄的两侧有对生的分枝，分枝两侧再着生羽状复叶，因为有总叶柄和分枝这两级，所以称二回羽状复叶。其羽状小叶白天展开，夜间合拢。这也是合欢为应对不良环境进化出的本领，合拢的小叶受风雨的影响较小，不容易折断损失。合欢夏季开花，散发着淡淡幽香。头状花序呈粉红色，形似绒线做的小扇子，让人不由想起过去骏马脖子底下装饰的穗头，所以它还有"马缨花"的别名。合欢的花期很短，今天盛开的花朵第二天再看就已凋零。花谢后合欢的枝头会结出绿色扁平的小豆角，这是它的荚果。

当合欢叶子被秋风扫落以后,这些果荚仍旧挂在枝头,风一吹还会哗哗作响。直到来年春季它们才会带着一小段枝条掉落下来。其果荚中有一颗颗深褐色的豆子,这些豆子就是合欢的种子。

合欢对气候和土壤要求不高,青岛的大街小巷都曾经种植过,直到现在有的街道还用它作行道树。但近年来有种奇怪的病害出现,发病后的合欢树的叶片会在很短的时间内脱落殆尽,使这种美丽的树木在岛城越来越少见了。

为什么合欢树表示忠贞不渝的爱情?

唐诗《合欢》有云:"虞舜南巡去不归,二妃相誓死江湄;空留万古得魂在,结作双葩合一枝。"诗中已经把"合欢"名字的由来说得很清楚了。相传虞舜南巡仓梧而死,其妃娥皇、女英寻遍湘江,终未寻见。二妃终日恸哭,泪尽滴血,血尽而死,逐为其神。后来,人们发现她们的灵魂与虞舜的灵魂"合而为一",变成了合欢树。由此,人们常以合欢表示忠贞不渝的爱情。

民间的神仙树

皂荚

NO.39

皂荚为豆科皂荚属落叶乔木，又名皂荚树、皂角。其叶为一回羽状复叶，被短柔毛；花杂性，呈黄白色，荚果带状；花期在3~5月，果期在5~12月。

皂荚树高大挺拔，到了秋天，褐红色的皂荚垂挂枝头，随风摇曳，发出"哗啦啦"的响声，如鸣佩环，又如仙人在天际窃窃私语。据《列仙传》记载：三国东吴上虞县令刘纲与夫人一起修炼神仙术，刘纲为了检验自己的学道成果，经常与夫人较量法力，但他的法力总是要比夫人差些。道既成，将升天，夫人驾起青云高升而去，刘纲却飞不起来。于是他攀援上一棵数丈高的皂荚树后向上飞举，才勉强升天。所以在民间，皂荚树有"神仙树"的美称。

皂荚树的果实像一个加大型的豆荚，成熟后呈黑色，而黑色在古时被称为皂色，所以它被叫作"皂荚"。皂荚是天然的洗涤剂，把皂荚树的果实捣碎，用一口大锅煮沸，熬出的水可以用来洗衣服和头发。古代皇室常用皂荚清洁美容，并用加入皂荚、鲜花、浴盐的热水沐浴。《红楼梦》中有将皂荚加入绿豆粉、揉成团，再经过菊花叶儿和桂花蕊的香气熏蒸的做法，这算是古时的香皂吧。

皂荚有多种，去垢能力各有不同。唐初《新修本草》记载："猪牙皂荚最下，其形曲戾薄恶，全无滋润，洗垢不去。"应选"皮薄多肉……味大浓"者，故而后世用"肥皂"一词来称呼质优肉厚的皂荚，意为"肉多肥厚的皂荚"。明代李时珍《本草纲目》云："肥皂荚……十月采荚，煮熟捣烂，和白面及诸香作丸，澡身面去垢，而腻润胜于皂荚也。"

"皂荚"和"肥皂荚"的区别

树木中还有一种叫作"肥皂荚"的,与皂荚均为豆科植物,差一个字,却是两种不同的树。皂荚外观呈长条形而扁,或稍弯曲,表面不平,呈红褐色或紫褐色,被灰白色粉霜,擦去后有光泽;两端略尖,基部有短果柄或果柄断痕,背缝线突起呈棱脊状;剖开后呈浅黄色,内含多个种子,种子呈扁椭圆形,外皮呈黄棕色,光滑,质地坚硬。肥皂荚外观呈扁圆柱形,比皂荚身短且厚,表面为黑褐色,无白色粉霜,具光泽而皱缩;肥皂荚剖开后内呈淡褐色,内有2~4粒种子,类圆球形而稍扁,种子表面为黑褐色,略粗糙,有裂痕。

NO.40 玉树 国槐

偶遇地：___年___月___日

国槐是落叶乔木，树可高达 25 米。其树皮为灰褐色，有纵裂纹；奇数羽状复叶；花期长，花呈浓黄绿色，偶有白色，花期在 6~7 月；荚果，肉胶质，俗称"槐米"，是一味中药，有清凉收敛、止血降压之效。

青岛中山公园会前村内有一株国槐，虬曲苍劲，气势非凡。这棵古槐树虽然经历了 300 多年风吹雨打，但至今老而不衰，始终保持着青春活力。褐色的树皮犹如战将身上布满斑斑伤痕的盔甲，仿佛在向人们诉说着历史的沧桑。

国槐是一种落叶乔木，树干端直，高可达 25 米；树皮为灰褐色，具有较深的纵裂纹。这种皴裂的形象很难让人想象到"玉树临风""玉树琼枝"这些成语中的"玉树"就是国槐。

国槐是奇数羽状复叶，也就是总叶柄先端单生一小叶，其余小叶两两对生。国槐于6~7月开花，花多为淡黄绿色，偶有黄白花朵。它的整体花期很长，陆续开放能延续到初秋。花落后就结出豆荚，荚果跟其他豆类植物不同，肉是胶质的，在种粒之间收缩，形成念珠状，俗称"槐米"，也是一种中药，有清凉收敛、止血降压的作用。它的叶、根和皮也可入药，有清热解毒的作用，还可治疗疮毒。

"野蔬充膳甘长藿，落叶添薪仰古槐。"唐诗中对于国槐的描绘，多与一个"古"字有关。这是因为中国古代国槐种植历史悠久，如《周礼·秋官》载："……面三槐，三公位焉。"这是说周代宫廷外种有三棵槐树，三公朝天子时，面向三槐而立。后人因以三槐喻三公，"三槐"就成了最高官职的代名词。到了汉代，宫殿、庭院之中便广泛栽种槐树了，据说当年汉武帝修上林苑，各地进奉的国槐就有六百余株。由此，就以槐指代科考，考试的年头称"槐秋"，举子赴考称"踏槐"，考试的月份称"槐黄"。"槐花黄，举子忙"，说的是唐代落第的举子们六月不出京城长安而闭门苦读，作新文章，请人出题私试，当槐花泛黄时，就将新作的文章投献给有关官员以求荐拔。对此，后代的诗人多有吟咏，如"几年奔走趋槐黄，两脚红尘驿路长""槐催举子著花黄，来食邯郸道上梁""槐黄灯火困豪英，此去书窗得此生"等。古人还以为，在槐树下听取诉讼，可使案情归实，以便断案公正，因此衙门内往往栽种槐树，以至衙门又被称为"槐衙"。

如今，国槐已成为我国北方城市重要的绿化树种，它还有一个变种——龙爪槐，已成为行道、遮阴、绿化、造景的得力树种。

NO.41 优质蜜源 刺槐

偶遇地：
___年___月___日

刺槐为豆科刺槐属落叶乔木，又名洋槐。其树皮呈灰褐色至黑褐色，浅裂至深纵裂，较光滑；叶根部有一对1~2毫米长的刺；花为白色，有香味，穗状花序，荚果。刺槐原生于北美洲，现被广泛引种到亚洲、欧洲等地。它的树冠高大，叶色鲜绿，是优秀的工矿区绿化及荒山荒地绿化的先锋树种。

你喜欢槐花蜜吗？每到春天，青岛漫山遍野的槐花竞相开放，远远望去好像一片白色的花海。浓郁的花香随风飘散，香气弥漫在整个城市，让人仿佛置身于仙境之中。勤劳的养蜂人，往往在山脚摆开一排排的蜂箱，采制槐花蜜。槐花蜜不仅美味，还有极高的营养价值。这槐花便来自刺槐。

刺槐是一种高大的落叶乔木，树皮呈灰褐色至黑褐色，较厚，纹裂多。刺槐枝条上生有小刺，刺槐也因此得名。这"刺"在生物学上被称为"托叶刺"，是由叶子的一部分变化来的，所以用手捏住是能掰下来的。刺槐是奇数羽状复叶，小叶椭圆形，对生。春季开花时，其花形如同蝴蝶，花色洁白，芳香异常，串串白花垂于树梢煞是好看。

刺槐喜欢干燥、凉爽的气候条件，能耐贫瘠和干旱。它的适应性强、生长快、易繁殖、用途广，多用作水土保持林、防护林等。但槐树的根浅怕风，因此在风口处的林木生长缓慢，干形弯曲，容易歪倒，目前在青岛市区仅仅存活十余株百年古树。此外，刺槐对二氧化硫、氯气、光化学烟雾等的抗性都较强，还有较强的吸收铅蒸气的能力。

刺槐的木质坚硬，不易腐烂，所以青岛的原住民习惯用它来做渔船。其花可以食用，人们常常把刺槐的花采摘下来，和面蒸食或是用来包包子或饺子，那可是极具特色的美味。在青岛地区，人们还喜欢用刺槐来制作马扎儿，因为刺槐木坚硬，不变形。特别是随着时光流逝，刺槐木会被氧化变黄，泛着幽光，被历史慢慢"包浆"。

刺槐的变种：无刺的刺槐

青岛还有一种刺槐的变种——无刺刺槐，它所有特征与刺槐相同，仅枝条上没有小刺生长。无刺刺槐可以说是青岛第一种行道树。1898年，德国租借胶澳后，在青岛修成第一条马路"亨利亲王大街"（今广西路），就特意运来德国柏林市市树——无刺刺槐作为这条马路的行道树，多余树苗则留在"植物试验场"（今中山公园）以供日后补栽。目前，广西路上仅剩下一株无刺刺槐，中山公园也只剩两株了。

NO.42 天蚕的"家" 臭椿

偶遇地：
___年___月___日

臭椿又名椿树、木砻树、樗树，为苦木科臭椿属落叶乔木，因叶基部腺点发散臭味而得名。臭椿树皮呈灰色、平滑，嫩枝有髓；叶为奇数羽状复叶，小叶两侧各具1个或2个粗锯齿，齿背有腺体1个，碎后具臭味。它在石灰岩地区生长良好，可作石灰岩地区的造林树种，也可作园林风景树和行道树。

提到椿树，大家可能会想到春天应季的香椿芽，臭椿的外形和香椿很相似，但叶基部有发出臭味的油腺点，所以被人们称为"臭椿"。实际上，明代《救荒本草》有记载，臭椿的嫩叶是可以吃的，但肯定没有香椿美味。所以，叶基部的油腺点是区别臭椿和香椿的重要特征。再者，两者小叶叶数不同，臭椿为奇数羽状复叶，香椿一般为偶数（稀为奇数）羽状复叶。长在植物的枝干上的一根总叶柄上像羽毛一样长着许多小叶片，正前端长有一片小叶的是奇数羽状复叶，而长有两片小叶的是偶数羽状复叶。

臭椿每年4~5月开花，花开时枝头略显凌乱，靠近树下，就能闻到明显的气味。近看它的每一朵小花都几乎看不出花瓣，只有花蕊挺立着。花谢后，臭椿的果实便拥挤地挂在枝头，成熟的果实为红褐色。

臭椿是翅果,种子位于翅的中间,呈扁圆形。其果实成熟后要离开大树"妈妈"时,种子周围的翅会延缓落地的时间,并尽量让种子远离大树,以扩展自己的种群范围。我们在城市经常见到的那些在屋顶或墙缝中生长的臭椿,就是这么来的。

臭椿耐寒、耐旱,对土壤要求不严,生长快、根系深、萌芽力强。但它寿命较短,极少能超过50年。胶州市营房镇马家辛庄存有一株树龄在百年以上的臭椿古树,想一睹其风采的朋友可以去看看。

另外,臭椿具有极高的环保价值,较强的抗烟能力,对二氧化硫、氯气、氟化氢、二氧化氮的抗性极强,所以臭椿是工矿区绿化的良好树种,也是良好的盐碱地绿化树种。

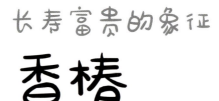

长寿富贵的象征
香椿

香椿为楝科香椿属落叶乔木,又名香椿芽、大红椿树。其树皮粗糙,呈深褐色,片状脱落;偶数羽状复叶,小叶对生或互生,纸质,呈卵状披针形或卵状长椭圆形、圆锥花序与叶等长或更长;花瓣为5片、白色、长圆形;蒴果为狭椭圆形、深褐色,种子上端有膜质的长翅,下端无翅。香椿的花期在6~8月,果期在10~12月。

古人称香椿为"椿",称臭椿为"樗"。庄子在《逍遥游》中说道:"上古有大椿者,以八千岁为春,八千岁为秋。"这里所说的大椿树,就是香椿。相传庄子年轻时曾担任过"漆园吏",于是椿树也称为"漆园椿"。自先秦以来,椿树作为长寿的象征,往往与松树、仙鹤、灵龟等相提并论,甚至以"椿庭"一词指代父亲,以兹祝愿。南宋诗人杨万里为母亲祝寿,就曾写道:"泛以东篱菊,寿以漆园椿。"用陶渊明采菊东篱下的豁然自在,和庄子所说的大椿树的长寿,当作祝福之语。

除了长寿,香椿树也被看作富贵的象征。相传,晚唐显赫一时的卢携,在梦中得到仙人赠与的诗句:"若问登庸日,庭椿不染风。"起初不解其意,直到官拜宰相,看到中庭里有一株巨大的椿树,无论狂风骤雨,树枝树叶始终不摇不湿,卢携才明白自己是受到了灵椿的庇佑。

除此之外，中国人食用香椿久已成习，汉代食用香椿的人就已遍布大江南北。又因我国是香椿的原产地，香椿资源丰富，这种习惯也一直被保留至今。香椿芽已经成为中国人餐桌上不可缺少的美食了。

好吃的香椿芽

香椿被称为"树上蔬菜"，每年春季谷雨前后，香椿发的嫩芽可做成各种菜肴。它不仅营养丰富，还具有较高的药用价值。香椿叶厚芽嫩，绿叶红边，犹如玛瑙、翡翠，香味浓郁，营养之丰富远高于其他蔬菜，为宴宾之名贵佳肴。小时候青岛还没那么多的楼房，人们习惯在小院里种上棵香椿树，每年开了春，便采摘下香椿嫩芽，用它来拌豆腐、炸香椿鱼儿、炒鸡蛋。谁家若吃了香椿，胡同里隔着好远都能闻到那种特有的香味。

绿色杀虫剂
苦楝

楝（liàn）树为楝科楝属落叶乔木，又称苦楝、紫花树。苦楝为2~3回奇数羽状复叶互生，小叶对生；花两性、有芳香，呈淡紫色，腋生圆锥花序；核果呈椭圆形或近球形，熟时为黄色，种子呈黑色、数粒。苦楝原产自中国，木材轻软，易加工，供制家具、农具等用；花、叶、种子和根皮均可入药；又可作行道树、观赏树和沿海地区造林树种。

楝树树形潇洒，枝叶秀丽，春夏之交开淡紫色花朵，淡香美丽。楝树花虽小，但花期很长，花瓣白中透紫，别有一番雅趣。宋代诗人杨万里有诗赞曰："只怪南风吹紫雨，不知屋角楝花飞。"

楝树是落叶乔木，高可达10余米，树皮为灰褐色、纵裂。它的分枝广展，小枝有叶痕；奇数羽状复叶，小叶对生，呈卵形、椭圆形至披针形；每年4~5月开花，圆锥花序约与叶等长，花芳香，花瓣呈淡紫色；核果肉质，近球形、黄色，经冬不落。

由于"苦楝"的名字与"苦恋"谐音，在有些地区青年男女便相约于苦楝树下来表达双方不负彼此之意。而在我国台湾苦楝树常常和相思树比邻栽种，花开季节，紫黄相间，此落彼生，取其"苦恋相思"的寓意。

楝树在我国广泛分布于黄河以南各地，喜温暖、湿润气候，喜光，不耐庇荫，较耐寒、干旱、瘠薄。它也能生长于水边，但以在深厚、肥沃、湿润的土壤中生长较好，对土壤要求不严。楝树还能吸收二氧化硫、氟化氢等有毒有害气体。

古时候，人们常将苦楝树叶捣碎兑水用来消灭农业害虫，这种绿色安全的杀虫剂如今又被人们重视起来。另外，楝树还可入药，但楝树皮有一定的毒性，所以服用楝树药物时一定要遵医嘱。

凤凰专属食物

"楝"字与"练"同音,古时所谓的"练树""练花""练实""练子",其实统统指楝树或它的花、果实、种子。古代文人喜爱楝树,是看重楝树的品行,因为楝树的果实是凤凰专属的食物。《庄子·秋水》称凤凰的雏鸟"非梧桐不栖,非练实不食,非醴泉不饮",凤凰神圣而高贵,它的食物也随之拥有了高洁的品格。

其实,楝树名字的由来是因为其树叶可以用来漂染、洗涤丝绸制品,古人称其"可以练物",所以取名为"楝"。由于楝树的球形果实味道苦涩,于是人们也将楝树称为"苦楝"。

南方工业油料树种
乌桕

乌桕（jiù）为大戟科乌桕属落叶大乔木，又名腊子树、桕子树、木子树。它全株具乳状汁液；树皮暗呈灰色，有纵裂纹；枝广展，具皮孔；叶互生，菱形、全缘，叶柄纤细，顶端有腺体；花单性，雌雄同株，聚集顶生。蒴果熟时为黑色，具3颗种子，外被白色、蜡质的假种皮；花期在4~8月。

青岛中山公园人工湖的西南侧长有一株挺拔的树木，秋季叶子会变红。这抹淡红仿佛被一层半透明的叶膜裹在其中，经初霜一打，便红到了极致，鲜血一样，渗透那层半透明的叶膜，把整片叶子浸染，红得甚至欲从叶尖滴落下来。这棵树就是乌桕树。

乌桕的花很特别，为单性花。雌雄两型花聚集在顶生的总状花序，通常雌花生于花序轴最下部。

乌桕的果实为梨状球形蒴果，成熟时为黑色，具3枚外被白色蜡质假种皮的黑色种子。

乌桕是我国南方重要的工业油料树种。 种子外被之蜡质称为"桕蜡"，可提制"皮油"，供制高级香皂、蜡纸、蜡烛等；其种仁榨取的油称为"桕油"或"青油"，可供油漆、油墨等用。

乌桕为中国特有的经济树种，已有1400多年的栽培历史。之所以称之为乌桕，李时珍在《本草纲目》中说是因为乌鸦喜食而得名。乌桕在青岛并无自然分布，均为人工栽植，因此不多见。

"江枫"可能是乌桕的霜叶

关于脍炙人口的《枫桥夜泊》里的红叶一直以来就有争论，其中就有它其实是乌桕霜叶的说法。如王端履在《重论文斋笔录》中早已说过："江南临水多种乌桕，秋叶饱霜，鲜红可爱，诗人类指为枫。不知枫生山中，性最恶湿，不能种之江畔也。此诗'江枫'二字，亦未免误认耳。"喜爱乌桕的周作人在《两株树》中予以引用，并指出范寅在《越谚》卷中桕树项下说，"十月叶丹，即枫，其子可榨油，农皆植田边"，便是犯了同样的错误。

NO.46 黄连木
石油植物新秀

黄连木为漆树科黄连木属落叶乔木，又名木黄连、鸡冠木。其树皮裂成小方块状；小枝有柔毛，冬芽为红褐色；偶数羽状复叶互生，花小，单性异株，雌花成腋生圆锥花序，雄花成密总状花序；核果球形，熟时为红色或紫蓝色。

　　黄连木又名黄楝木，古代称之为"楷"或"楷木"，属漆树科落叶乔木。它高可达20余米，树皮暗褐色，裂成小方块状；小枝有柔毛，冬芽呈红褐色；偶数羽状复叶互生，小叶5~7对，披针形或卵状披针形，全缘，基部歪斜。黄连木每年3~4月开花，雌雄异株，花小、无花瓣，先于叶开放；核果呈倒卵状椭圆形，初为黄白色，成熟时变成红色或紫蓝色，红色多为授粉不成功的空粒果实，果期在9~11月。黄连木先开花后长叶，树冠浑圆，枝叶繁茂而秀丽，早春嫩叶为红色，入秋叶又变成深红或橙黄色，景象艳丽，是城市及风景区的优良绿化树种。

　　黄连木喜欢光照，幼树稍耐阴，喜温暖的气候条件，畏严寒。它对土壤要求不严，微酸性、中性和微碱性的沙质、黏质土均能适应，以在肥沃、湿润而排水良好的石灰岩山地生长最好。它是深根性树种，主
根发达，抗风力强，萌芽力强，生长较慢，寿命可长达300年以上。

黄连木不仅是良好的风景树种，还具有极高的工业价值以及经济和药用价值。黄连木种子含油量高，是一种木本油料树种。随着生物柴油技术的发展，黄连木的种子成为制取生物柴油的上佳原料，因此被称为"石油植物新秀"，已引起人们的极大关注。

青岛地区的黄连木为自然分布，在崂山太清宫外有一片黄连木古树林，树龄都在150年以上。

我的观察日记

五倍子的寄主 盐肤木

NO. 47

盐肤木为漆树科盐肤木属落叶小乔木,又名五倍子树、山梧桐。其树皮呈灰褐色,有赤褐色斑点;小枝上有三角形叶痕;叶片为互生的奇数羽状复叶,小叶边缘有粗钝锯齿;七八月开花,为顶生大型圆锥花序,花瓣呈白色;10~11月果熟。

我很早就认识盐肤木了,因为它的叶子纵向之间带"蹼",即"叶轴有宽翅",很有特色。盐肤木对土壤、环境的适应性较强,为杂木林或杂木灌丛中常见树种,我国除青海、新疆外均有分布,在青岛附近的小山上经常可以见到。秋天霜后它们的叶变为鲜红色,甚为美丽。

盐肤木自古就是我国重要的经济树种,是制药和工业染料的重要原料。这主要归功于长在它身上的瘿(yǐng)体——五倍子。盐肤木是五倍子蚜的主要寄主植物,在幼枝和叶上形成的虫瘿,即为五倍子。五倍子既是一味中药也是一种工业原料,常用于制造鞣革、塑料和墨水等。另外,它的花朵盛开时,花蜜和花粉都很丰富,是秋季良好的蜜源植物。其果实未成熟之前可泡水代醋用,生食则酸、咸止渴;根、叶、花及果均可入药,有清热解毒、舒筋活络、散瘀止血、涩肠止泻之功效;嫩茎叶可作为野生蔬菜供人食用,又可作为猪饲料;幼枝及叶可用作土农药,有杀虫的功效。在园林绿化中,盐肤木可作为观叶、观果的树种进行栽种。所以说盐肤木全身都是宝一点也不为过。

盐肤木上有盐吗？

盐肤木结的小果子呈球形，有核，一簇一簇地挂在枝头，成熟后呈红色，味极酸，据说用之泡水可代醋。其果子外面的薄皮上往往有一层薄盐，故名"盐肤木"。古人记载："七月子成穗，粒如小豆，上有盐似雪，可为羹用。岭南人取子为末食之，酸咸止渴，将以防瘴。"

圣诞树
枸骨

NO.48

偶遇地：
___年___月___日

枸骨，也称鸟不宿、老虎刺、猫儿刺，因在欧美国家常用于圣诞节的装饰美化，故亦称"圣诞冬青""圣诞树"。

枸骨淡黄色的花簇生于二年生枝的叶腋内，每年春季开花。10月以后其球形果实逐渐成熟，鲜红色的果实经冬不落。

在晴朗的冬日漫步于公园，湖水边那丛依然翠绿，有着厚厚蜡质一样叶片的树丛，枝头上一点点、一团团的红豆般大小的果子可爱得很。

留意一下，绿地中这种植物还真不少，它就是枸骨。

枸骨是常绿灌木或小乔木。它的叶形奇特，色泽浓绿光亮，四季常青，厚革质的叶上有5枚硬刺，先端具3枚尖硬刺齿，两侧的硬刺向上翘起，其中央刺齿常反曲。"猫儿刺"的别名就是这样来的。本草纲目有"叶有五刺，如猫之形，故名"的描述。如果拿剪刀剪掉这些刺儿，叶片便呈长方形了。

在秋冬季节，枸骨红色果实珠圆玉润、鲜艳欲滴，是既可观叶、又能观果的优良树种。它可做不同规格的盆栽，布置于厅堂、居室、门廊等处端庄大气，装饰效果很好。又因其根干虬曲苍劲，枝叶稠密，还是制作盆景的好树种。枸骨耐寒冷，栽植于小庭院或用于园林绿化也有不俗的表现。此外，枸骨的枝条还是插花中常用的材料。近年还有人将其加工制作成塔形，其鲜红的果实与翠绿的叶片相映成趣，商家谓之"满堂红"，非常吸引人。

枸骨的叶子是奇特的，目前，除普通的枸骨外我们还能见到无刺枸骨（叶片卵圆，无硬刺），小叶枸骨（叶片约为枸骨的1/3），金叶枸骨（叶片为金黄色）及花叶枸骨（小叶枸骨的变种，叶片有黄白斑纹）四种。

枸骨的叶、果实和根都可供药用。其树皮可作染料，也可提取栲胶；其木材柔韧，农村常用作牛鼻栓；其种子含油，可作肥皂原料。

为什么枸骨又被称为"圣诞冬青"？

在西方，人们把那些带刺的叶片看作耶稣受难时头顶所带的"荆棘冠"，而红色的果实，则代表了耶稣所流出的鲜血。因此在圣诞节时，西方人要将带果的枸骨扎成花环，作为圣诞的装饰以纪念耶稣。

NO.49 果实像金元宝 元宝枫

偶遇地：
___年___月___日

元宝枫是槭树科槭属植物，落叶乔木，一般高8~10米，因其翅果酷似金元宝而得名。元宝枫的树皮呈灰褐色或深褐色、深纵裂，主脉5条，叶掌状五裂；叶柄长3~5厘米；花呈黄绿色，花期在5月，果期在9月。

元宝枫有着典型的枫叶外观：叶片呈现5裂状，外侧两枚裂片的基部几乎在一条直线上。元宝枫的叶片基部呈现出平整的"截断"状，因此元宝枫还有一个别名"平基槭"。

每年初秋八九月时，元宝枫枝头就会结出两枚附有一只膜质的翅的果实。两枚果实的翅彼此向外展开，排成钝角状，还有些许外翘，极像古时候金元宝的外形，所以叫它"元宝枫"还真是名副其实呢。

其实，这个模样的果实，是整个槭树属大家族的共同特征。这样带着翅膀的果实被称为"翅果"，由于一枚果实只带有一枚翅，因此被称为单翅果。两枚果实翅之间形成的角度大小以及形态，在不同槭树物种中差别很大，是用来对槭树进行分类的重要特征之一。

元宝枫的翅和种子构成了精妙的平衡系统。当果实从树梢上掉落时，这枚翅能让果实自发而稳定地旋转起来，大大增加了果实在空中的滞留时间，可以让风将其吹到更远的地方，从而增加果实传播的距离。

元宝枫的叶片在入秋之后，随着叶绿素的降解，以及气温下降和秋日强光诱导的花青素的大量

第二章 被子植物-乔木

合成，叶片颜色会呈现绿、黄、橙红的变化，是色彩极佳的庭院树种。

元宝枫为我国原产，主要分布于河北、山西、山东、河南、陕西黄河中下游各省，耐半阴。它对土壤的要求不严，在酸性、中性、钙质土壤上均能生长，并有一定的耐旱能力，但不耐涝。元宝枫萌蘖性强，深根且根系发达，抗风雪，有菌根，耐干旱瘠薄，还耐烟尘及有害气体，对城市环境的适应力很强。

如何区分元宝枫和五角枫？

在青岛地区还有一种与元宝枫同属的植物——五角枫，在外形特征上与元宝枫有很多的相似之处。实际上仔细观察两者还是有很多差异的：

1. 元宝枫比较矮，最高可长至13米左右，树势较弱；而五角枫可高达20米。
2. 元宝枫干皮呈灰黄色，浅纵裂，小枝光滑无毛；而五角枫的干皮薄，呈灰褐色，嫩枝刚长出时有疏毛，后逐渐脱落。
3. 元宝枫叶子的叶基通常为平截形；五角枫叶子的叶基通常为心形。
4. 五角枫的果展开为钝角，果翅长为果核的2倍或2倍以上，果核扁平；元宝枫的果两翅展开略呈直角，果核较大，隆起，果翅较宽，等于或略长于果核，形似元宝。

NO.50 会变色 鸡爪槭

鸡爪槭（qī）为槭树科槭属落叶小乔木，又名鸡爪枫。其树冠呈伞形，树皮呈深灰色、平滑；叶掌状7深裂，密生尖锯齿；先叶后花，伞房花序；幼果为紫红色，熟后为褐黄色，两翅呈钝角；花期在5月，果期在9月。鸡爪槭原产自中国华东、华中至西南等省区，在朝鲜和日本也有分布。

青岛中山公园紫藤长廊东侧有一条浅浅的溪谷，那里散生着一棵棵鸡爪槭。深秋后因受霜程度不同，它们呈现出五彩斑斓的色彩，点染得这条溪谷宛如梦幻仙境，吸引了许多摄影爱好者与游客前往。

鸡爪槭是落叶小乔木，喜温暖、湿润气候及半阴环境，适生于肥沃、疏松的土壤，不耐涝、较耐旱。它的树冠呈伞形，树皮平滑，呈深灰色；小枝幼时呈紫色或淡紫绿色，老时呈淡灰紫色；叶掌状7裂，密生尖锯齿；5月开花，顶生伞房花序，花紫色；翅果，幼果为紫红色，熟后为褐黄色，两翅呈钝角，果核为球形，果期在9月。

鸡爪槭树姿婆娑，叶形秀丽。春季叶色黄中带绿；夏季叶色转为深绿；入秋叶色转为鲜红色，色艳如花，灿烂如霞；冬季叶片落光，枝干却曲

第二章 被子植物·乔木

折,轮廓分明,如附上层层白雪,显得更加飘逸多姿。"近观秀叶玲珑美,远望秋影飘彩虹"便是对它最贴切的描述。

鸡爪槭是园林中名贵的乡土观赏树种。在园林绿化中,常将不同品种的鸡爪槭配置在一起,形成色彩斑斓的槭树园。也可在常绿树丛中杂植槭类品种,营造"万绿丛中一点红"的景观。还可将它植于山麓、池畔,以显其婆娑风姿,配以山石则具古雅之趣。另外,鸡爪槭还可植于花坛中作主景树;植于园门两侧及建筑物角隅,装点风景;以盆栽用于室内美化,也极为雅致。

在园林中,还常能看到鸡爪槭的变种——红枫。红枫全年均为红色,在春季萌发新叶时观赏性最佳。

槭叶为什么这样红?

鸡爪槭叶变红实际上是对自然界压力反应的结果。变红实际上起到遮光剂的作用,能使树叶停留在树上的时间更长,让树吸收更多的营养。研究发现,营养的压力,特别是缺氮的压力,使槭叶红得更早,红得更透。

佛门宝树
七叶树

NO.51

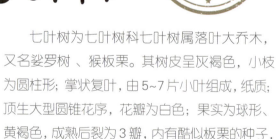

七叶树为七叶树科七叶树属落叶大乔木，又名娑罗树、猴板栗。其树皮呈灰褐色，小枝为圆柱形；掌状复叶，由5~7片小叶组成，纸质；顶生大型圆锥花序，花瓣为白色；果实为球形、黄褐色，成熟后裂为3瓣，内有酷似板栗的种子，果期在9~10月。

七叶树，别称娑罗树、娑罗子、天师栗、猴板栗，是叶、花、果均赏心悦目、不可多得的树种，也是世界著名的观赏树种之一。因它与佛教有渊源，故庙宇前多有栽种，诸如杭州灵隐寺、北京卧佛寺、大觉寺等均有千年以上的七叶树，因此七叶树也是"佛门三宝树"之一。"佛门三宝树"指：佛祖诞生处的树——无忧树；佛祖成佛处的树——菩提树；佛祖涅槃处的树——七叶树。印度王舍城有一岩窟是佛祖释迦牟尼的精舍，

周围长满印度七叶树，所以那儿又叫七叶岩、七叶窟、七叶园。在中国，以北京潭柘寺中的七叶树最古，树龄800余年。

　　七叶树每年夏初开花，花如塔状，又像烛台。每到花开之时，如手掌般的叶子托着宝塔状的花朵，像是供奉着的烛台。四片淡白色的小花瓣尽情绽放，花芯内七个橘红色的花蕊向外吐露芬芳，花瓣上泛起的黄色使得小花更显俏丽，远远望去，整个花串白中泛紫，像是蒙上了一层薄薄的面纱，无形中增添了些许神秘的色彩。

　　七叶树是优良的行道树和园林观赏植物，不但外形奇特美观，还有极高的实用价值。它的木材细密可制造各种器具；种子和树皮可入药，但有一定毒性；树皮还可提制黄色染料。

七叶树为什么被认为是神圣的树？

相传摩耶夫人在兰毗尼园中手扶无忧树产下释迦牟尼，后来释迦牟尼又涅槃于七叶双树间。因此，此树在佛教中受到很大的尊敬，被认为是神圣的树木。一般认为，七叶树原产于印度，后传入中国，常见于古老的寺庙当中，是著名的观赏树。其花可供观赏，其果可以食用，也可入药，木材还可供建筑用，是绝好的树种。

"天树王" 栾树

偶遇地：
___年___月___日

NO.52

栾树为无患子科栾树属落叶乔木，又名木栾、石栾树。它的树皮厚，呈灰褐色至灰黑色，皮孔小，老时纵裂；二回羽状复叶大型；夏季开花，聚伞圆锥花序，呈黄色；蒴果呈三角状圆锥形，果皮膜质膨大，成熟后为红褐色。栾树适应性强、速生、病虫害少，宜作庭荫树、行道树及园景树。

安徽黄山地区多出栾树，又因《礼记》规定，国卿大夫们的坟墓应由栾树守护，当地民间就把栾树叫作"大夫树"。

栾树是落叶乔木或灌木，高可达10米，树皮厚，呈灰褐色至灰黑色，皮孔小，老时纵裂；羽状复叶大型，纸质，平展；夏季开花，聚伞圆锥花序，呈黄色，散发淡雅芬芳；蒴果呈三角状圆锥形，果皮膜质膨大，成熟后

为红褐色,像一串串彩色的灯笼挂在枝头,绚丽多彩,所以栾树又被称作"灯笼树"。

清朝文人黄肇敏登临黄山,作《灯笼树》一诗:"枝头色艳嫩于霞,树不知名愧亦加。攀折谛观疑断释,始知非叶也非花。"在诗中黄肇敏明确指出,灯笼树就是佛教典籍中号称"天树王"的"波利质多罗树"。此树的树阴浓密如伞,可庇护世人以度炎夏。而栾树的果实则被称为"木栾子",收集起来可以制作串珠。随着佛教的兴盛,以一百零八枚"木栾子"制作念珠的风气开始流行。史书有记载,北宋时因长安城外山中多有栾树,再加上当时"木栾子"风靡一时,人们便争相入山采集种子。

在一些地方,春季有取食栾树嫩芽的习俗,将其嫩芽称作"木兰芽",味道很清爽鲜美。栾树还可提制栲胶;叶可提制黑色染料;花可供药用,也可提作黄色染料;种子可榨制工业用油。

青岛地区可见两种栾树——黄山栾和北京栾。前者小叶叶缘光滑,故又名"全缘叶栾树",而后者小叶叶缘有锯齿。黄山栾的观赏特性高于北京栾,但北京栾的耐寒性较好。

高贵的栾树

相传大禹治洪水后,决定炼铸"九鼎",便到"云雨之山"采石。他发现在五彩神石缝隙中生有一种灵树,黄花红枝,叶子青绿,便起名为栾树,自后为世人所知。后人便采摘栾树花叶,作为灵药服食。至先秦,人们将这种神木尊为"大夫树"。《礼记》之中记载:"天子坟高三刃,树以松;诸侯半之,树以柏;大夫八尺,树以栾;士四尺,树以槐;庶人无坟,树以杨柳。"这实则是规定了不同身份等级之人的陵墓规格,"大夫树"的名号由此而来。直至唐朝,栾树依旧为人所敬重,文人张说有诗:"文学引邹枚,歌钟陈卫霍。风高大夫树,露下将军药。"

NO.53 "白蜜"的花源 椴树

椴树为椴树科椴树属落叶乔木,又名千层皮、青科榔,是中国珍贵的重点保护植物。它的树皮呈灰色,直裂;小枝近秃净,顶芽无毛或有微毛,叶为宽卵形;聚伞花序长,无柄,萼片为长圆状、披针形;果呈球形,花期在7月。椴树主要分布于北温带和亚热带,为优良用材树种,是制造胶合板的主要材种。

学习园林的人都知道,椴树最让人"头痛"。因为椴树家族有50多种,仅中国就有32种,并且长相太相近,要把它们分清楚得"明察秋毫"。

椴树属于落叶乔木,树皮呈灰色、纵裂,小枝上有毛。椴树的叶子形状大小因品种的原因差别较大,但总的来说有点像杨树的叶子,但它的基部是心形的,而且有的偏斜,叶子的边缘有锯齿,叶有长柄。椴树于夏季开花,聚伞花序,花序的总梗末端和一片长匙形苞片长在一起。这是椴树属的重要识别特征,这枚苞片还有一个重要作用,就是果实成熟下落时会像直升机桨叶一样旋转,延迟果实落地时间,以便果实与其中的种子尽量远离大树。椴树花的花瓣是白色或奶黄色;果实为球形,基部有5棱,表面有星状毛,果实内有一粒种子。椴树的种子有休眠的习惯,所以采来的种子不能直接播种,要把它埋在湿沙里用不同的温度刺激才会唤醒它。

椴树的外观、树叶、花朵、果实都非常漂亮。它的树干通直,树冠形态美观,极具观赏价值;夏日浓荫铺地,黄花满树,芳香浓郁。另外,它病虫害少,对烟尘和气体抗性强,是很好的庭荫树、行道树。

椴树也是重要的经济树种。它的木材细密轻软,胀缩力小、不易变形,

是建筑的重要木材。

椴树花很小，但其花蜜色泽晶莹，醇厚甘甜，结晶后凝如脂、白如雪，别有风味，素有"白蜜"之称，是蜂蜜中的顶级珍品。

椴树喜光，稍耐阴，喜温凉湿润气候。它是深根性植物，生长速度中等，萌芽力强，适生于深厚、肥沃、湿润的土壤，在山谷、山坡均可生长；耐寒，抗毒性强，虫害少。椴树在我国南北均有分布，但南方的种类远多于北方。

青岛中山公园内也有树龄近百年的椴树。

貌似菩提的寻参指示树种

自佛教进入中土以来，椴树因与菩提树的叶子形状相似，被误称为"菩提树"。至明清时干脆将错就错，皇帝们在故宫英华殿旁栽了两棵蒙椴。乾隆皇帝还专门作诗"我闻菩提种，物物皆具领，此树独擅名，无乃非平等"以示正宗。这两棵椴树的果实，相传被称为"五线菩提子"。

在古代，人们认为椴树和人参有仙缘，老山参往往深藏在古老的椴树之下。南北朝本草学家陶弘景所作的《人参赞》记载："三桠五叶，背阳向阴，欲来求我，椴树相寻。"故而采参之人多把椴树当作寻参的指示树种。

引凤知秋
梧桐
NO.54

偶遇地：
___年___月___日

梧桐为梧桐科梧桐属落叶乔木，树皮为青绿色、平滑；叶片较大，呈心形，掌状3~5裂，基生脉7条，叶柄与叶片等长；圆锥花序顶生，小花呈淡黄绿色，花梗与花几乎等长；蓇葖果膜质，有柄，成熟前开裂呈叶状，每个蓇葖果有种子2~4个；花期在6~7月，果熟期在10~11月。

梧桐树的名头甚是响亮，但在日常生活中，很多人对于"梧桐"的概念是混乱的，常常把悬铃木称为"法国梧桐"，或者干脆就叫"梧桐树"了；也有人把暮春时节开紫花的泡桐称为"梧桐"。然而真正的梧桐从分类学意义上指的是梧桐科的梧桐。

梧桐别名国桐、青桐、桐麻，产于中国和日本。梧桐树高大挺拔，树干无节，亭亭玉立，树皮平滑翠绿，树叶浓密，气势轩昂，从干及枝均为碧绿，故又叫它"青桐"。古人甚爱梧桐，"一株青玉立，千叶绿云委"两句诗把梧桐的美写得淋漓尽致；他们认为凤凰喜欢栖息在梧桐树上，所以才有"栽下梧桐树，引来金凤凰"的民间俗语。而成语"一叶知秋"就是源于"梧桐一叶落，天下皆知秋"这两句诗。此外，梧桐树干通直，高大挺拔，还被视为孤直人格的象征；它树身高大，枝繁叶茂，与银杏、七叶树一起被称为中国佛教的"三大圣树"；梧桐树枝叶相交，还象征着缠绵、纠结、至死不渝的爱情。

梧桐不仅有丰富的文化意义，更有实用价值。它生长迅速，易成活，耐修剪，被广泛栽植作行道绿化树种和速生材用树种；其木纹直顺，传音效果很好，易体现古琴清脆、激越的音色，所以常用于制作古琴琴身，有"桐身梓底"的说法。另外，梧桐树对二氧化硫、氯气等有毒气体有较强的对抗性，所以常用于园林观赏，广泛栽植于小区、园林、学校、事业单位、工厂、山坡、庭院、路边、建筑物前。但青岛地区没有大面积栽植梧桐，多零星见于庭院、道旁及绿地里。

一叶封侯

一天，周成王和叔虞做游戏，把一片桐树叶削成圭状送给叔虞，说："用这个分封你。"于是史佚请求选择一个吉日封叔虞为诸侯。周成王说："我和他开玩笑呢！"史佚说："天子无戏言。只要说了，史官就应如实记载下来，按礼节完成它，并奏乐章歌咏它。"于是周成王把唐封给叔虞。唐在黄河、汾河的东边，方圆一百里，所以叔虞也叫唐叔虞，姓姬，字子于。

NO.55 青岛市花 耐冬

偶遇地：___年___月___日

　　耐冬为山茶科山茶属灌木或小乔木，是山东对山茶花的特有称呼。其叶革质、椭圆形，上面为深绿色，下面为浅绿色；花顶生，红色、无柄，有花瓣6~7片；蒴果为圆球形，花期在1~4月，果期在9~10月。耐冬原产于中国，喜温暖、湿润和半阴环境。但它怕高温，忌烈日。

　　在有"神仙之宅，灵异之府"之称的青岛崂山太清宫前，有一株明代著名道士张三丰手植的山茶。这株山茶，每到隆冬时节，千花怒放，整个树冠像落了一层厚厚的、红色的雪，故名"绛雪"。崂山山民因其四季不凋，能耐冬季的严寒而叫它耐冬。1983年，耐冬被确定为青岛的市花。

　　耐冬的学名是山茶，但它与人们常常称呼的山茶有不同之处。人们常常称呼的山茶一般产于南方，在青岛不能露地越冬，俗称"南茶"。而耐冬却能在隆冬时节红花满树、气傲霜雪，故而得名"耐冬"。耐冬是常绿灌木或者小乔木，树姿优美、四季常青；枝条呈灰褐色，小枝呈绿色或绿紫色、紫褐色；椭圆形的叶片比一般山茶的叶子厚实，一般长5~10厘米，边缘有小锯齿，表面好像有一层蜡，用手搓一搓，很光亮；花一般单生，多数单瓣，花瓣5~7片，呈1~2轮排列。耐冬花朵直径5~6厘米，颜色多数为大红，少数为白色、粉红，多数呈碗状；花丝呈白色或有红晕，基部连生成筒状，集聚花心；花药呈金黄色，与红色的花瓣相映衬，更显好看。耐冬的整体花期比较长，从10月能陆续开放到来年的4月。此外，耐冬也分很多品种，一般青岛老百姓习惯上把它们分为两类："耐冬"和"耐春"。狭义的耐冬是早花型，10月就陆续开花了；而"耐春"是晚花型，一般春节后陆续开花，能一直开到春天的4月中下旬。在北方大雪飘飘的时节能看到满树的红花，是多么美的景象啊！

耐冬的生命力很强，可以在海岛的岩石缝隙中生长，耐寒、耐旱，但是它的种子发芽率很低。在10月份采集到的成熟的种子，经过复杂的处理程序，在来年的春天能得到30%的发芽率就很好了。当然也可以用小枝条做扦插来繁殖耐冬，但长成的小苗一般比用种子繁殖的苗木长势弱。耐冬生长得比较慢，所以较大的耐冬很名贵。

《聊斋》中的耐冬

崂山太清宫三官殿前，有一株耐冬，名曰"绛雪"。它高8.5米，干围1.78米，树龄约700年。清初，著名文学家蒲松龄数次来崂山，于冬春之际，见山茶开花，满树绿叶流翠，红花芳艳，像落了层厚厚的红雪，便欣喜异常。而在耐冬的不远处还有一株白牡丹，高及屋檐。于是蒲松龄就寓居于此，终日与牡丹、山茶相对，遂构思出《香玉》这则故事。文中写一黄姓书生在太清宫附近读书，白牡丹感其深情化作香玉与之成婚，后白牡丹被人偷掘，香玉亦失踪，书生终日恸哭。后来在他凭吊香玉时又遇山茶花所化的红衣女绛雪，与之一同哭吊香玉。花神终于感怀动容，便使香玉复生。多年后黄生死去，变成牡丹花下的一株赤芽，无意中被小道士砍斫而去，白牡丹和山茶花于是也相继死去。

花期超长 紫薇

NO.56

紫薇为千屈菜科紫薇属落叶小乔木，又名痒痒树、百日红、无皮树。其树皮平滑，呈灰色或灰褐色；枝干多扭曲，小枝纤细，叶互生；小花有花瓣6片，皱缩，具长爪，花色丰富，顶生圆锥花序；蒴果，花期在6~9月，果期在9~12月。

紫薇又名百日红，因其从夏季至秋末，花期长达4个月之久。所以宋代诗人杨万里赞颂紫薇花："似痴如醉丽还佳，露压风欺分外斜。谁道花无红百日，紫薇长放半年花。"

紫薇有脱皮特性，表皮脱落以后，树干显得新鲜而光滑，所以有的地方叫紫薇树为"猴刺脱"，是说树身太滑，猴子都爬不上去。但是随着树龄的增加，紫薇表皮脱落的现象逐渐减少。

紫薇的枝干扭曲，当年生的小枝纤细，微微地呈四棱状。其叶为椭圆形，约指肚大小，在秋季经霜后会变成迷人的红黄色。

紫薇花色丰富，有玫红、大红、深粉、淡红、紫或白等颜色。白花者叫银薇，红花者叫红薇，紫中带蓝者叫翠薇，开紫花者才为紫薇，但因紫为正色，所以统称为紫薇。紫薇的花簇生在当年枝的顶端，花骨朵是圆圆的、绿色的。这些花骨朵慢慢长大，不几天有的花苞就绽出一簇娇小的舞裙般的花瓣。花瓣共六枚，缀在一根细丝上，中间是金黄色的花蕊。紫薇花一朵挨着一朵，一簇簇，一丛丛，花团锦簇，开得热烈而

奔放，真是"盛夏绿遮眼，此花红满堂"。

　　花后紫薇会结出青绿色的小果子，一簇簇地长在枝头，像一个个小青柿子。秋天来临果实会逐渐由绿变褐，深秋时节就会完全变成褐色且裂成六瓣，长有翅的种子便随风飘落。这种果实在植物学上称为蒴果。

　　紫薇花颜色艳丽，品种繁多，花期超长，还具有吸收有害气体和降尘降噪的作用。它的花朵里所含的挥发油有消毒功能，是一种生态功能强大的景观树种。另外，紫薇还是用材树种并可入药。

青岛的紫薇古树知多少

　　青岛地区紫薇很多，绿地内随处可见，其中正阳关路行道树是紫薇，故此路也号称"紫薇路"；中山公园内也有一条栽植紫薇的"紫薇路"。崂山庙宇中还有十余株紫薇古树，最古老的一株紫薇树在明霞洞玉皇殿西侧，树龄在600年以上；上清宫院内有株230年以上的紫薇树，是岛城最粗的一株；太清宫、大崂观也有古紫薇多株。

NO.57 浑身是刺 刺楸

偶遇地：
＿年＿月＿日

刺楸（qiū）为五加科刺楸属落叶乔木，又名鼓钉刺、刺枫树、鸟不宿、丁皮树。其小枝具粗刺，钉刺呈纵长形；叶在长枝上互生，短枝上簇生，叶片呈掌状5~7裂，边缘具锯齿，叶柄长；伞形花序顶生，小花有花瓣5枚；果实近圆球形，种子呈蓝黑色。

在青岛中山公园人工湖南侧的山沟中有几棵几十年树龄的大树，高大通直，茂密的树叶跟周围的树木掩映在一起。它的树叶是掌状分裂的，树干上密布有乳丁状的粗刺，这就是刺楸。其刺有毒，但花十分美丽，且果实无毒，嫩芽好吃又爽口。因为它浑身长满皮刺，令人望而却步，所以还把它称作"狼牙棒""钉木树""丁桐皮"。它是花、叶俱佳的观赏树，东亚特有的树种。

刺楸的叶子五裂，与槭树叶相像，很长一段时间都被人们误认为是槭树科植物，直到19世纪才"回归"到五加科中。

刺楸在国内分布广泛，北起东北，南至闽、贵、滇，西自川西，东至海滨的广大区域内都能找到

它的踪影。其叶形多变化，有时浅裂，有时分裂较深；萌蘖枝上的叶片分裂更深，往往超过全叶片的 1/2。

刺楸的根、皮可以入药但有毒，所以有"鸟不宿"的诨名。

古树长新苗

崂山下太清宫内有一株传奇古树——"汉柏凌霄"，近年来在这棵树北边的树杈上又长出了一棵小树，这棵树就是一棵刺楸。现在这棵古树是由几棵不同种类的树长在一起的，既是乔木、灌木、藤木的结合，也是阔叶树与针叶树的结合，更是开花树与不开花树的结合，还是落叶树与常绿树的结合，实为大自然创造的奇迹。

形如灯台

NO.58

灯台树

偶遇地：
＿年＿月＿日

灯台树是山茱萸科灯台树属落叶乔木，又名瑞木、女儿木、六角树。其树枝层层平展，形如灯台，枝呈暗紫红色；叶互生，簇生于枝梢，呈广卵圆形；伞房状聚伞花序生于新枝顶端，长9厘米，白色；核果近球形，花期在5~6月，果期在9~10月。

深秋时节的青岛中山公园可谓满园的秋叶色彩斑斓，在这些秋叶中有一种红黄混杂的红叶，就是灯台树的叶子了。灯台树是一种高大的落叶乔木，树高10~15米，树干笔直，树皮光滑，树冠呈圆锥形，侧枝层层分明、宛若灯台，因而得名"灯台树"。灯台树当年生枝为紫红色，有半月形的叶痕和圆形皮孔；叶脉凹陷明显，侧脉6~7对互生，弧度很大，这也是山茱萸科植物重要的辨识标志。

灯台树每年五六月间盛开白色的花朵，清香素雅，由白色小花组成聚伞花序更像烛台。它的花小，有4个长圆披针形花瓣和4根长长的雄蕊，顶端着生淡黄色椭圆形花药。

灯台树的果实属于核果，直径6~7毫米，完全成熟后会变成紫红色或蓝黑色；核骨质、球形，顶端有一个方形孔穴。其果期在7~8月，9~10月间紫红的果实便会挂满枝头。

灯台树原产于中国，自辽宁至华南均可生长，它的核果成熟后为酸甜滋味，不仅人能吃，也是许多鸟类喜爱的食物。它还是优良的乡土观赏树种，树冠形状美观，特别适合作行道树。它是木本油料植物，其果实可以榨油；其根、叶、树皮均可入药。

灯台树与土家民歌

湖南民歌《马桑树儿搭灯台》传唱久远，词曲作者已不可考。在明代，桑植土司率桑植数千土家儿郎应朝廷之召远赴江浙、朝鲜三度抗倭，这歌声便始终相伴着战士们的征程。这首歌讲的是当春天来了，春的气息催动了灯台树的枝丫，它奋力地生长着，缠绕上马桑树的枝条，从此两相依偎，永不分离。

这首歌曲语言纯朴，感情真挚，表现了夫妻二人忠贞不渝的纯洁爱情。就这样，一个丰富的音乐意象出现了，一曲传唱千百年的经典民歌诞生了。

滋肝肾、强腰膝
女贞

女贞是园林中常用的观赏树种，也可作绿篱及庭院绿化树种。它原产于我国，为常绿乔木，高可达25米，树皮呈灰绿色，平滑不裂。树枝开展，光滑无毛；单叶对生，革质、全缘、有光泽。它每年5~6月开花，花簇生于枝端，密集，呈乳白色，通常芳香；果实呈肾形或近肾形，深蓝黑色。

据西汉刘向《列女传·贞女引》记载，春秋鲁穆公年间，有贞女因忧心国事，遁入山林。见女贞之木，喟然叹息，抚琴歌以女贞之辞："菁菁茂木，隐独荣兮。变化垂枝，合秀英兮。修身养行，建令名兮。厥道

不移,善恶并兮。屈躬就浊,世彻清兮,怀忠见疑,何贪生兮?"唱罢,少女在树下自绝而亡,从此这树被称为"女贞"。

女贞喜欢阳光及温暖湿润的气候,耐阴、耐寒性好,且耐水湿。它为深根性树种,须根发达,生长快,耐修剪,但不耐瘠薄。女贞对大气污染的抗性较强,但对汞蒸气反应敏感。

女贞的果实可入药,中药称之为"女贞子",有滋养肝肾、强腰膝、乌须明目的功效。唐朝时随着修道之风日盛,人们常服用女贞的果实,以助得道飞升。民间传说灵丹妙药的制作方法是将女贞的果实用酒浸泡一昼夜,去掉外皮,再晒干捣为粉末,混以旱莲草的汁液揉搓成药丸。服用这种"仙丹"百枚,能够让人臂力加倍、百病不侵、白发变黑甚至返老还童。李时珍指出,女贞果实入药具益肾之效,可健腰膝。服用女贞果返老还童虽不可企及,但在使白头发变黑方面有一定的作用。

另外,女贞的果实在整个冬季都不会从树枝上掉下来。当鸟儿没有饲料、饥饿难忍时,树上的果实正好可以帮助它们维持生命。

我的观察日记

花开惊艳
流苏树

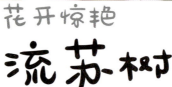

偶遇地：
___年___月___日

NO.60

流苏为木樨科流苏属落叶乔木，又名萝卜丝花、牛筋、牛荆子、四月雪。其树皮呈灰褐色，薄片状剥裂；枝开展，小枝灰绿色；叶对生，为卵形至倒卵状椭圆形，全缘或有小锯齿；雌雄异株，聚伞状圆锥花序着生枝顶、疏散，花冠白色、筒短。

在崂山九水景区大崂观遗址有两棵神奇的古树，一棵树龄逾百年，另一棵则在150年以上。这两株树就是流苏，崂山山民俗称"牛筋"。此树高近20米，树冠似张开的伞状，足有半亩地之大，枝干虬曲，花朵为针絮状、纯白色。每年农历四五月间,这棵树就会开满花朵,香气袭人,素洁幽雅。由于流苏树的小花含苞待放时外形、大小、颜色均与糯米相似,花和嫩叶又能泡茶,味道清醇,且具消暑止渴的功效,故又被称作"糯米花""糯米茶"。

在青岛中山公园内也有小片的流苏树林,这些流苏树平时很难引起人们的注意,因为它们那褐色纵裂的树皮、伞形的树冠实在是太普通了。但它们一旦开花,却是那么的惊艳。春末夏初新叶尚未完全展开,满树银花大团大团的如雪似云。这大团的白花是由几十朵四裂的喇叭状小花组成的。这些细小的花瓣簇在一起极像我国古时一种下垂的以五彩羽毛或丝线等制成的穗状饰物——流苏,它的名字很有可能就是由此而得。

流苏树是雌雄异株,雌树会开花结实而雄树只开花不结实。五月后,雌树在花后会结出绿色的小果实,十月成熟的果实会变成被有白粉的紫黑色果子。流苏树的果实在植物学上称为核果,通常内含一枚种子,有三层果皮,外果皮极薄,中果皮是发达的肉质部分,内果皮为坚硬的核,包在种子外面。

流苏树适应性强,是优良的园林观赏和制作盆景树种,也是国家二级保护植物,在青岛地区还是传统的桂花嫁接砧木。它的花、嫩叶晒干可代茶;果实含油丰富、可榨油,供工业用;木材坚重细致,可制作器具。

齐鲁千年流苏树王

山东省淄博市淄川区峨庄乡土泉村有一株流苏树,相传是齐桓公于公元前685年为庆贺自己用"悬羊击鼓、饿马提铃"之计取得齐国王位,而宴封文武大臣时所栽。经专家考证,这株流苏树已经有两千多年的历史,树形之大、树龄之长,为山东第一,树韵雍容华贵,被省林业厅命名为"齐鲁千年流苏树王"。

在青岛,流苏古树也较多,主要见于庙宇(遗迹),树龄多在100～200年。如太清宫就有8株分布在海滨,树高都近12米,胸径近62厘米,长势渐衰。大崂观内有2株,树高近15米,胸径近85厘米,长势仍很茂盛。城阳区、即墨市、平度市也均有百年大树分布。

树皮耐腐
棕榈

NO.61

偶遇地：
___年___月___日

棕榈为棕榈科棕榈属常绿乔木。其树干为圆柱形，可达10米；叶簇生于顶、形如扇，掌状深裂，叶柄长；雌雄异株，圆锥状肉穗花序腋生，小花黄色；核果肾状球形。它的花期在4~5月，果熟期在10~11月。

记得小时候，每当奶奶在巷子口乘凉，口里常常念叨这首打油诗："扇子有风，拿在手中，有人来借，等到立冬。"那时候没有电风扇和空调，扇蒲扇是人们防暑降温的好方法。特别是上了年纪的老人，手中时常会拿着一把蒲扇，不紧不慢地摇着，摇过了一个又一个酷暑。

蒲扇就是用棕榈科的蒲葵的新叶或棕榈叶制作的,但棕榈叶片的裂深比蒲葵深得多,用来做扇子较麻烦。另外,棕榈的花可以食用。苏东坡为此曾作《棕笋》:

"赠君木鱼三百尾,中有鹅黄子鱼子。夜叉剖瘿欲分甘,鏼龙藏头敢言美。愿随蔬果得自用,勿使山林空老死。问君何事食木鱼,烹不能鸣固其理。"诗中所说的"鹅黄子鱼子"就是棕榈小而繁密的黄花。另外,树干上的棕皮十分耐腐,是航海专用的索具用材,南方人还喜欢用它来做棕床和棕椅。"孤舟蓑笠翁"中的蓑衣也是用棕皮所制。棕榈果实可以榨油,还可以用果仁来制作菩提手串等文玩。

野生棕榈多分布在长江以南,青岛地区可以栽种,但要选择背风向阳的小环境,深秋时节要给它们裹上棉衣稻草,以御风寒。在崂山下清宫的"经禅祠"里就植有一株棕榈,长得枝繁叶茂,那里三面环山、一面靠海,气候非常温和,有着"小江南"之称。

粽子与棕榈树

你知道吗?我们端午节吃的粽子还和棕榈树有关呢!据《本草纲目》记载:"古人以菰叶裹黍米煮成尖角,如棕榈叶心之形,故曰粽。"

可产白蜡

白蜡

NO.62

偶遇地：
____年__月__日

白蜡树为木樨科梣属落叶乔木，树皮为灰褐色、纵裂；小枝呈黄褐色，粗糙；羽状复叶，小叶叶缘具整齐锯齿；圆锥花序顶生或腋生枝梢，宿花雌雄异株；花期在4~5月，果期在7~9月。

白蜡树是木樨科梣属落叶乔木，树皮呈灰褐色、纵裂；芽呈阔卵形或圆锥形，被棕色柔毛或腺毛；小枝呈黄褐色，粗糙，皮孔小，不明显；圆锥花序顶生或腋生枝梢，花雌雄异株。白蜡的雄花与雌花开花时间差异较大。雄株先开花，花朵很小，很多小花朵组合成大型的花序；雌株一般发芽时间晚，等到雄株花几乎凋谢后，它们才慢慢悠悠地开花，仿佛一点都不惜春。

白蜡的翅果呈匙形，翅平展，下延至坚果中部，坚果呈圆柱形。其花期在4~5月，果期在7~9月。

白蜡树也是青岛常见的树木之一。它耐盐碱、耐干旱和水涝，树形高大，树冠展开，夏季树荫浓郁，秋季叶色橙黄，是沿海湿地用材林、防护林、风景林等造林的优良树种。

有人容易把白蜡的"蜡"字误写为"腊"，是因不知其名字的由来。之所以叫"白蜡"，是因为这种树可以放养白蜡

第二章 被子植物·乔木

虫。白蜡虫生长缓慢，在白蜡树枝条上聚集多了，蜡丝银白，格外显眼。等白蜡树枝条布满蜡丝，如同穿上了厚棉袄，就该挥刀砍树枝取蜡了。将剥取的蜡花放入沸水中熬煮，等到白蜡漂在水面，就可以得到雪白的虫蜡了。

此外，白蜡还是良好的木材，可以用来做家具、农具等等，可谓全身是宝。

蜡花用处多

我们的祖先发现和使用虫蜡已经有三千多年的历史了。相传孙思邈在峨眉的大峨寺后山见一棵树上长有很多果子，果子下方都吊有白色透明的水滴，尝之如蜜。继后又发现树枝上有白蜡虫和蜡花。经试验，蜡花可以点燃照明，并对治伤疗疮有奇效。

第三章
被子植物—灌木

灌木 指那些没有明显的主干、呈丛生状态、比较矮小的树木,一般高度在6米以下,可分为观花、观果、观枝干等几类。灌木是木本植物,多年生,一般为阔叶植物,也有一些是针叶植物,如刺柏。常见的灌木有玫瑰、杜鹃、牡丹、连翘、迎春、月季、茉莉等。

NO.63 小檗

焰灼耀人

偶遇地:
___年___月___日

小檗（bò）分枝密，姿态圆整，春开黄花，秋缀红果，深秋叶色紫红，果实经冬不落，是花、果、叶俱佳的观赏花木，适于在园林中孤植、丛植或栽作绿篱。

小檗为落叶小灌木。其小枝为红褐色，有短小不分叉的针刺；叶为单叶互生，叶片小、先端钝、基部急狭，叶缘光滑、叶表暗绿光滑无毛、背面灰绿有白粉，入秋叶色变红；两性花腋生，萼、瓣各6枚，花呈淡黄色。小檗的花很有意思，当完全盛开时用根小木棒轻轻地触动它的柱头，四周的雄蕊会像含羞草一样迅速闭合。这是小檗在进化中练就的一项"绝技"。若是昆虫接近，那雄蕊上的花粉便会满满地粘在昆虫身上，大大增加了授粉的成功率。小檗的果实为长椭圆形浆果，熟时为亮红色，内有种子1~2粒。

小檗有很多园艺变种，如：紫叶小檗，叶常年紫红；矮紫叶小檗，植株低矮不足0.5米，叶片常年紫红；金叶小檗，叶片常年金黄色；细叶小檗，小枝细而有沟槽。在青岛绿地里以紫叶小檗为多见。

小檗原产自日本，现我国各地均有栽培。小檗叶形、叶色优美，姿态圆整，春开黄花，秋缀红果，深秋叶色变紫红，果实经冬不落，焰灼耀人，枝细密而有刺，是良好的观果、观叶和刺篱材料。它在园林绿化中通常与紫丁香、四季丁香、连翘、东北连翘、榆叶梅、忍冬、锦带等其他矮化常绿树种互相搭配作点、面色彩布置，用于布置花坛、花镜，构成万紫千红

第三章 被子植物·灌木

的园林景观。

小檗还可用来制作盆景，利用其根形的奇特变化，或曲或折、或盘旋、或根蔸粗壮，令人爱不释手。配上精巧的微型（或小型）盆，根据所育桩子的形状特点，或提根、或斜栽、或挂植、或拼合，都可以形成令人愉悦的小型美景。

凌雪独开
蜡梅

NO.64

偶遇地：
___年___月___日

蜡梅为蜡梅科蜡梅属落叶灌木，又名金梅、干枝梅、黄梅花。其幼枝四棱，老枝近圆柱形；叶纸质至近革质，叶面有硬毛，叶背光滑。蜡梅花期在11月至翌年3月，先花后叶，芳香；果于6~9月成熟。蜡梅花芳香美丽，可用于庭院栽植，又适作古桩盆景和插花艺术，是冬季赏花的传统名贵花木。另外，其根、叶还可药用。

当寒冷的冬天来临，凛冽的寒风吹得人人裹紧了棉衣，高高竖起的衣领，厚厚的围巾，似乎稍有不慎就会冻伤哪里。就是在这样寒冷的天气，却也有怒放的花朵，那就是蜡梅。于是有文人墨客写下对它的赞美之辞："隆冬到来时，百花迹已绝，惟有蜡梅破，凌雪独自开。"

蜡梅是落叶灌木。其幼枝四棱，老枝近圆柱形；叶纸质至近革质，叶面有硬毛，叶背光滑；花期在11月至翌年3月，先花后叶，花芳香；果于6~9月成熟。

因为蜡梅花期在腊月附近，人们常误写成"腊梅"。虽然蜡梅在我国栽培历史悠久，但古人在相当长的一段时间里，一直是把它当作黄色的梅花而称为"黄梅"。直到宋朝，人们才开始认为其花色似蜂蜡，并以此命名为"蜡梅"了。

蜡梅在百花凋零的隆冬绽蕾，斗寒傲霜，给人以精神的启迪、美的享受，于是人们就把它当作中华民族在强暴面前永不屈服的象征。它既可庭院栽植，又适作古桩盆景和插花与造型艺术，是冬季赏花的理想名贵花木。

蜡梅的花可入药和食用，但需要注意的是蜡梅的果实和枝叶有毒，误食可引起强烈抽搐。

蜡梅名称的由来

宋朝元祐年间，苏轼写道："香气似梅，似女工捻蜡所成，因谓蜡梅。"这里的蜡指的是蜂蜡，颜色黄。因香气似梅，颜色似蜡，所以称为蜡梅。

蜡梅在清代《花镜》记载有磬口、荷花、狗英三种，目前记录有100多个品种。其花色有纯黄色、金黄色、淡黄色、墨黄色、紫黄色，也有银白色、淡白色、雪白色、黄白色等。另外，和蜡梅同科的夏蜡梅也很有意思，是中国特产，顾名思义是夏天开放，比蜡梅美得多。

NO.65

香飘数里

海桐

偶遇地：
___年___月___日

海桐为海桐科海桐属常绿灌木，又名七里香。其嫩枝被褐色柔毛，有皮孔；革质叶聚生于枝顶，伞形花序顶生，花为白色、有芳香，后变黄色；蒴果呈圆球形，有棱或呈三角形；花期在3~5月，果熟期在9~10月。海桐原产于我国江苏、浙江、福建、台湾、广东等地及朝鲜、日本等国，枝叶繁茂，叶经冬不凋，初夏花朵清丽芳香，入秋果实开裂露出红色种子。

在青岛，海桐是一种很常见的植物，夏季它悄悄地蓄起花蕾，在不经意间便绽放了。海桐花花香浓烈，随风远溢，可达数里之遥，故又称"七里香"。

海桐为常绿灌木，会自然长成球形，叶多数聚生于枝顶，叶片交互生长因间距极短看上去好像轮生。其叶片革质，叶片边缘光滑或略呈波状，通常向叶背反卷。它的叶片先端钝圆或内凹，有短柄；聚伞花序顶生，初夏开花，初开时为洁白色，慢慢变成黄色。海桐的花有特殊的芳香，在枝顶开成一簇，植物学上称之为"聚伞花序"。花谢后会结出近球形的绿色小果，通常三棱，大小和榛子相仿。

海桐对气候的适应性较强，耐暑热也能耐一定的低温。在青岛地区可以露地安全越冬，但最好选择南向的小气候栽种，以免遇到特殊极寒的天气会对枝叶造成冻害。另外，海桐喜光，在半阴处也生长良好。

海桐枝叶四季不凋，花朵清丽芳香，常可作绿篱栽植，也可单独或几株植于草坪或林缘。因为它有抗海潮及毒气的能力，所以可作为海岸防潮林、防风林及矿区绿化的重要树种，并宜用作城市隔噪声和防火林带用树。

另外，海桐的根、叶和种子均可入药。

海桐的种子怎样才能发芽

成熟后的海桐果子会从棱脊裂成3瓣，木质果皮会变成深褐色，果皮裂开以后，会露出红色的种子。海桐的种子外部包有一层黏黏的果酱状的物质，不易脱落，挂果时间较长，宛若红色宝珠镶嵌在碧叶丛中，故又得"宝珠香"的别名。海桐种子外部这层黏液是用来吸引小鸟的，种子被鸟啄食以后经过鸟的胃肠后才能发芽。若人工栽植，通常是将种子先用草木灰水或碱水浸泡，搓去黏胶，用清水洗净，沙藏后再播种才能发芽。

洁白可爱
麻叶绣线菊

NO.66

偶遇地：
___年___月___日

麻叶绣线菊为蔷薇科绣线菊属落叶小灌木，又名麻叶绣球。其小枝细瘦，冬芽小，呈卵形；叶片呈菱形；伞形花序，花瓣近圆形或倒卵形，呈白色，蓇葖果；花期在4~5月，果期在7~9月。麻叶绣线菊原产于中国，日本也有分布。

绣线菊是一个非常庞大的家族，每年春末夏初，崂山里的三裂绣线菊与土庄绣线菊刚刚长满新叶，而中山公园里的喷雪花、麻叶绣线菊与绣球绣线菊已是繁花满枝，再过一段时间城市广场的整片整片的粉红色的粉花绣线菊也次第开放。绣线菊的品种很多，如何区分着实让人头疼。

麻叶绣线菊在青岛市绿地内总体数量不多，在中山公园的东部相对集中一些。开花时节，麻叶绣线菊的那一团一团盛开的小花，聚拢成一大团一大团的，形成一条条拱形花带；然后又聚合成一大片一大片地开放着，一片洁白，十分可爱。

麻叶绣线菊为落叶小灌木，小枝细瘦，呈圆柱形并有拱形弯曲，幼时

呈暗红褐色；叶片呈菱形，先端急尖，基部楔形，边缘自近中部以上有缺刻状锯齿，无毛。

麻叶绣线菊的花呈白色，由许多朵小花着生在一根较长不分枝的花轴上。每朵小花的花柄长度不等，下部的花花柄长，上部的花花柄短。最终各朵小花基本排列在一个平面上，开花顺序由外向内。它的小花很小，直径仅5毫米左右，花瓣呈圆形，先端微凹，花瓣有5枚。此树的花期在4~5月，果期在7~9月。

麻叶绣线菊会自然长成半球形，春季开花繁密，盛开时枝条全被细小的白花覆盖，形似一条条拱形玉带。可成片配置于草坪、路边、斜坡、池畔；也可单株或数株点缀于花坛；用来插花也十分秀美。

努力顽强的绣线菊

如果你对绣线菊的枝叶进行了修剪，那么，绣线菊又会很努力地生长出新的枝叶来。它就是依靠这种努力、这种顽强而让自己美丽的花朵永存人间的。所以，绣线菊的花语为：祈福、努力。我们在欣赏绣线菊漂亮花朵的时候，不妨也一起学习一下绣线菊的努力和顽强的斗志吧。

珍珠梅为蔷薇科珍珠梅属落叶灌木，又名山高粱条子、高楷子。其小枝开展呈圆柱形，初时绿色，老时褐色；羽状复叶，有小叶片 11~17 枚；顶生大型密集圆锥花序，花梗有毛，果期逐渐脱落，小花直径 10~12 毫米，白色；蓇葖果长圆形，花期在 7~8 月，果期在 9 月。

炎炎盛夏，许多娇美的花儿可能是因为怕热，都偃旗息鼓、悄悄地躲藏了起来，使夏天显得枯燥又乏味。幸好，远处的绿丛中，似隐似现地开出了一团团洁白的小花，似云又似雪。当你走到近前，会惊奇地发现原来这一团团的"白雪"，是由一簇簇洁白的小花组成。那些还没有开放的小花珠上，涂抹着一层浅浅的绿色，慢慢地长大后就变成一颗颗白色的小珍珠。纤细的小花瓣舒展开来，远远看去就成了一层层白雪、一团团白云，让你顿感清凉。这就是珍珠梅。

<u>珍珠梅因其花小、色白如梅，花蕾如珍珠而得名</u>。它的适应性强，喜阳光并具有很强的耐阴性、耐寒性、耐湿性、耐旱性，对土壤要求不严，在一般土壤中就能正常生长。

珍珠梅<u>株丛丰满，枝叶清秀，贵在少花的盛夏开花，花朵清雅洁白，而且花期很长。它对多种有害细菌具有杀灭或抑制作用，适宜在各类园

第三章 被子植物-灌木

林绿地中种植，是非常受欢迎的观赏树种，也是良好的夏季观花植物。另外，它还具有耐阴的特性，是北方城市高楼大厦及各类建筑物阴面绿化的灌木树种。它的茎皮、纸条和果穗还有活血散瘀、消肿止痛的作用。最重要的是，珍珠梅是友情和努力的象征呢。

秀雅如蝶

白鹃梅

NO.68

偶遇地：
___年___月___日

白鹃梅为蔷薇科白鹃梅属落叶灌木，又名茧子花、金瓜果。它的枝条细弱开展，小枝呈圆柱形，叶通常呈椭圆形，叶柄短；总状花序，小花直径2.5~3.5厘米，呈白色；蒴果，有5脊；花期在5月，果期在6~8月。

　　白鹃梅原产自中国，现各地多有栽培。在青岛可以看到植有白鹃梅的地方不多，仅植物园、中山公园有栽培。

　　白鹃梅姿态秀美，春日开花，满树雪白，如雪似梅。开花时节，那一树白花绽放在明媚的春光里，花朵秀雅如蝴蝶，花瓣轻盈似飘飞，如歌如醉，是极其美丽的观赏树种。白鹃梅五片花瓣远离花心，这样的特征是看一眼就可以记住的。其老树古桩，还是制作树桩盆景的优良素材。

　　白鹃梅在古代叫作"茧子花"，估计是因为它每年在蚕成丝茧的时候开花而得名。春深时节茧子花盛开，农家女孩就采来插在头上。清乾嘉时的《唐栖志略》里面记有一首写茧子花的竹枝词，词里面记载："河头时见浣衣女，椎髻新簪茧子花。"南宋的诗人刘佖在《茧漆花》中也写道："清晨步上金鸡岭，极目漫山茧漆花。雪蕊琼丝亦堪赏，樵童蚕妇带归家。"就是说满山怒放的白鹃梅非常美丽，砍柴的樵夫、采桑的蚕妇见到了，采下来带回去插在瓶里足可观赏一番。宋诗里还有一首赵蕃的《山花有所谓绕茧漆者，盖缫丝藉此以取头耳》，也与茧子花有关。诗曰："树树山矾落，枝枝绕茧开。论香宁敢辈，取用实能皆。白屋珍姚魏，朱门贱草莱。勿嫌卑薄域，解产栋梁才。"从诗名来看，是说白鹃梅可以在缫丝的时候帮助理出丝头来，因此末联才说"勿嫌卑薄域，解产栋梁才"。

　　除了观赏和挑丝头，白鹃梅树的花和嫩叶是可以吃的，在陕西一带，人们常常称其为"龙柏芽"或"龙背芽"。其所含的营养成分高于许多常见蔬菜。民间一般于4~5月间采摘其嫩叶和花蕾，既可鲜食，也可焯水后晒干贮存备用。

　　另外，白鹃梅还是一味药材，具有益肝明目、提高人体免疫力及抗氧化等多种保健功能。它的根皮、树皮还可用于治疗腰骨酸痛。

月月开花
月季

NO.69

偶遇地：
___年___月___日

月季花为蔷薇科蔷薇属落叶灌木，又名月月红、长春花。其茎棕色偏绿，具有钩刺，但也有无刺的品种；奇数羽状复叶互生，小叶一般5片，叶缘有锯齿，两面无毛；花簇生于枝顶，花色丰富，有微香，花期在4~10月。

月季花是青岛市的市花，但在绿地里却不太容易见到，主要是因为月季花是我们完全按照人类的喜好人工培育出来的，它不能随随便便地生长出来，需要我们细心呵护。

我们现在看到的月季花全称应该是"现代杂交香水月季"。读起来是不是很拗口？让我们来看看它是怎么来的吧。蔷薇科蔷薇属的植物在欧洲和中国都有悠久的栽培历史。中国宋代以前已经普遍栽植因"月月开花四季不辍"而得名的月季花了，但这种月季花在生物学上和今天的"月季"不是一个物种。后来这种花又同巨花蔷薇自然杂交出了"香水月季"。与此同时，欧亚大陆另一面的欧洲人也一直在进行蔷薇属植物的杂交培育，

但一直没有什么突破。直到18世纪末，欧洲栽培的只有法国蔷薇、百叶蔷薇和突厥蔷薇这三个一年只开一次花的品种。就在这时英国胡姆爵士从广州引入了四种月季花：斯氏中国朱红、柏氏中国粉、中国黄色茶香月季和中国绯红茶香月季。传说为了让这些中国月季顺利渡过

英吉利海峡到达凯斯林的玫瑰园，正值第二次百年战争中掐得你死我活的英法两国特意停战了一天。经过繁复地杂交和选育，1867年，世界上第一种杂交茶香月季——"法兰西"在法国育成。从这一年起，新培育出的杂交品种被称为"现代杂交香水月季"，简称"现代月季"，而以前所存在或培育的那些品种则称为"古老月季"。

现代月季的很多品种枝条粗壮、笔直且长，花形美丽，单朵花期长，生长旺盛，于是被选出专门用于插花，被称为切花月季品种。其他的则应用于园林绿化、美化，这样一来，就形成了与月季相关的两个产业：鲜花生产产业与园林绿化、美化业。除此之外，月季花在我国还一直被用来入药。

玫瑰其实是月季

在我们国家月季和玫瑰的名称常被混用，其实花店里代表浪漫爱情的所谓"玫瑰"是属于现代切花月季的一种。这是由于蔷薇属的植物学名（拉丁文属名）都是Rosa，英文名都是Rose，当年一些翻译人员因缺乏专业的植物分类学知识，进行了错误的翻译，通过报刊、杂志、媒体的传播，再加上两者外形极为相似不好辨认，从而造成了相当程度的混乱。

刺玫花 玫瑰

NO.70

玫瑰为蔷薇科蔷薇属落叶直立灌木，又名刺玫花、徘徊花。其枝杆多针刺，奇数羽状复叶，有小叶5~9片，呈椭圆形，有边刺；花瓣呈倒卵形，重瓣至半重瓣，花呈紫红色或白色；果期在8~9月，果为扁球形。盛开的玫瑰花，是观赏花卉中的珍品，而含苞待放的花蕾是药苑中的良药。

玫瑰为落叶直立灌木，茎丛生有刺，因其刺多，故有"刺玫花"之称，诗人白居易也有"菡萏泥连萼，玫瑰刺绕枝"之句。玫瑰的叶为互生奇数羽状复叶，有小叶5~9片，边缘有尖锐锯齿，叶面叶脉下陷明显、多皱，叶背有柔毛和腺体，叶柄和叶轴有绒毛、小茎刺和刺毛。花单生于叶腋或数朵聚生，花冠鲜艳，呈紫红色或白色，芳香。果为扁球形，熟时红色，内有多数小瘦果，萼片宿存。其实，在古汉语中"玫瑰"一词原意是指红色美玉，后来因为"玫瑰"的果实又大又红艳，因而以"玫瑰"作为称呼。

玫瑰在我国分布较广，山东是玫瑰的主产区之一，半岛地区还有野生玫瑰的存在，平阴、菏泽、定陶都盛产玫瑰，其中平阴县玫瑰镇栽培玫瑰已有2000多年的历史。玫瑰还是美国、英国、西班牙、卢森堡和保加利亚的国花。

玫瑰不仅有迷人的外表，还具有极高的价值。玫瑰花中含有多种有益成分，常食玫瑰制品可以柔肝醒胃，舒气活血，美容养颜，令人神爽；玫瑰果的果肉可制成果酱，具有特殊风味，果实含有丰富的维生素C及

维生素 P，可预防急性及慢性传染病、冠心病、肝病并有效防止致癌物质生成等；用玫瑰花瓣以蒸馏法提炼而得的玫瑰精油（称玫瑰露），可以改善皮肤质地，促进血液循环及新陈代谢，在国际市场上价格昂贵，1 千克玫瑰油相当于 1.25 千克黄金的价格，所以有人称之为"液体黄金"。

我的观察日记

酷似玫瑰
缫丝花

NO.71

偶遇地：
___年___月___日

缫（sāo）丝花为蔷薇科蔷薇属落叶丛生小灌木，又名刺梨、送春归。它的枝条密而分枝多；叶为奇数羽状复叶，小叶柄和总叶柄基部两侧着生成对的硬刺；花多单生在枝顶端，花梗短，花瓣为粉红、红或深红色，花托膨大发育形成假果。

2016年暮春，有朋友告诉我，中山公园新栽了一种花，花型像黄刺玫但略大且为玫红色，无香气。当时我按照说的地点去看了，群芳褪尽的碧草地上，有几株花正默默开放。当时一时未认出，又过了一个月再去看时，已是果实挂在枝头了。只见果面、果梗和萼片均密生针刺，我便马上想到了"刺梨"！这种花的中文名称为缫丝花，又名刺蘼、送春归，因每到煮茧缫丝时，花始开放，故有此名。

缫丝花的花为完全花，能够自花授粉、结实。它的变种有单瓣缫丝花、重瓣缫丝花（送春归）、毛叶缫丝花等。在日本重瓣缫丝花被叫作"十六夜蔷薇"，据说是因为这种花的形状如同十五过后的满月。不是所有缫丝花都能被当作十六夜蔷薇的，只有重瓣的才可以。单瓣者，不过五枚花瓣，露着中央一簇如缨穗般的金色花蕊，清晰明朗，是另外一种美。

缫丝花喜温暖湿润和阳光充足的环境，适应性强，对土壤要求不严。实生苗移栽后常发生顶梢枯死现象，但不影响成活率，要注意适当疏剪和除去弯贴地面的枝条，以利通风透光。生长过程中，其基部及主干是易发徒长枝，第二年能萌发短花枝并开花结实。

缫丝花花大色艳，花期长，适应性强，有较强的抗病虫害能力。其枝条生长健壮，自然形成丛生的灌木，是点缀花坛、绿带、庭院的理想花卉品种。其果实富含维生素C，被誉为"维生素C大王"，可制作刺梨饮料、刺梨酒等保健食品。

缫丝花名字的由来

缫丝花名字出自《广群芳谱》："缫丝花，花叶俨如玫瑰而色浅紫，无香，枝生刺针，时至煮茧，花尽开放，故名，种从根分。"

金花朵朵 棣棠花

棣（dì）棠花为蔷薇科棣棠花属落叶灌木。它的小枝为绿色、无毛；叶缘有重锯齿，叶柄无毛，有托叶，花单生于侧枝顶端，花瓣黄色。棣棠花喜温暖湿润和半阴环境，耐寒性较差，在中国大部分地区及日本都有分布，除供观赏外，还可入药。

  冬季自古以来常被人们描写得枯寂萧条，一派惨淡。但仔细观察的话，冬天的植物还是别有韵味的。

  在冬天常常可以看到一种落叶后有着翠绿的、密密的纤细枝条的小灌木，暮春时节则柔枝垂条，金花朵朵，这种花就是棣棠花。

  棣棠花原产自中国，但一直到明清时期才确定下名字，而且还是"被命名"。原因是中国古时有一种植物叫"棠棣"，最初见于《诗经·小雅·常棣》："常棣之华，鄂不韡（wěi）韡，凡今之人，莫如兄弟。"意思是说棠棣花开放，美丽又明亮，如今的世人，兄弟最亲近。但"棠棣"到底是什么？此书中没有说明，这一问题成了令后人头疼的大难题。历史上有"郁李说"、有"杨树说"等等，但至今还没有一个明确定论。因李商隐写过："棠棣黄花发，忘忧碧叶齐。"明清时，人们干脆将一种花开为金黄色的植物指定为"棠棣"，想要以此来结束关于棠棣的纷争。清人所编的《植物名实图考》上，则把棣棠描述为"花开金黄色，圆若小球"，还说此物"有花无实"，但这种花其实是棣棠的一个变种——重瓣棣棠。

  棣棠花是落叶小灌木，很少能长到一人高，一般仅仅及腰。小枝绿色柔弱弯垂，古人有"绿罗摇曳郁梅英，袅袅柔条韡韡金"，说的就是

第三章 被子植物-灌木

棣棠开花时的样子。棣棠叶先端渐尖,边缘有重锯齿,叶脉凹陷,叶片背面微生短柔毛。

棣棠于4~5月开花,少量花能开到9月。花生于侧枝顶端,呈金黄色,小巧美丽。绿丛间棣棠花柔枝垂条,金花满枝,别具风韵。

棣棠花较矮小,耐寒性不高。所以在园林中常见于林前或林下、水畔、石旁,且要栽在背风处,否则冬季小枝会出现干枯的现象。春季园林工人通常会把这些枯枝剪除,这样棣棠便无法长得太高了。

棣棠在日本

我们的东邻国家日本很喜欢棣棠,那里还有一个白色花的变种。不过在日本棣棠的名称变为了"山吹"。这个名字你是不是很熟悉?鬼怪漫画片《滑头鬼之孙》奴良鲤伴的第一任妻子就叫"山吹乙女"。她离去时留下的"山吹花开七八重,堪怜竟无子一粒",和《植物名实图考》的描述应和了。

NO.73 微果之王 火棘

偶遇地：_____
____年___月___日

火棘为蔷薇科火棘属常绿灌木或小乔木，又名火把果、救军粮、吉祥果。其叶呈倒卵形或倒卵状长圆形，先端钝圆开微凹，边缘有钝锯齿；花呈白色，复伞房花序，花期在4~5月；果近球形，呈深红色。火棘的果实、根、叶可入药。

暮秋时节，百花凋残，一片萧瑟。充满离情的叶片在秋风里缠绵，而火棘却一身绿装，累累红果。熟透了的火棘果实，颜色饱满，很红很鲜。远远望去，红彤彤的一片。

火棘是常绿灌木或小乔木，花集成复伞房花序，花瓣白色，果实近球形，呈橘红色或深红色。它的花期在3~5月，果期在8~11月，主要分布于中国黄河以南及广大西南地区。

火棘树形优美，夏有繁花，秋有红果，果实存留枝头甚久，是一种极好的春季看花、冬季观果植物。它可以用作绿篱及园林造景来美化、绿化环境。火棘具有良好的滤尘效果，对二氧化硫有很强的吸收和抵抗能力，可用于工矿绿化。

火棘果实营养丰富，可食用，因味似苹果又被称为"袖珍苹果""微果之王"。一颗如珠的红果其维生素C的含量相当于一个大苹果，是营养极高的保健型水果。

　　作为园林植物,火棘株形美观,果实艳丽,叶片蜡质,枝叶柔小,四季常青。隆冬浓霜之时,格外挺拔有力;夏日白花满枝,清爽宜人;深秋红果累累,生机无限。火棘可整株孤植或丛植于草坪、花坛,还可与其他植物配植。因其耐修剪、易成型还可作优良树桩盆景材料,火棘在防风固沙、保持水土方面也有独特的生态保护作用。

救军粮——火棘果

　　传说古时有一支军队,在行军打仗的途中断粮绝炊,情况危急。突然他们看到了满山的果子,于是采果充饥。正是这些果子救了饥饿的士兵,从而赢得了战争的胜利。这些果子正是火棘之果,所以人们就赋予它"救军粮"的美称。

可远观不可近赏
石楠

偶遇地：
___年___月___日

　　石楠为蔷薇科、石楠属常绿小乔木，别名细齿石楠、凿木、千年红、扇骨木。石楠枝为褐灰色；叶片革质，为长椭圆形、长倒卵形或倒卵状椭圆形，长9~22厘米，宽3~6.5厘米，先端尾尖，叶缘有疏生具腺细锯齿；叶柄粗壮，长2~4厘米；花期在5~7月，果期在10月。

石楠是我国传统的乡土树种，分布在秦岭以南的广大地区。近几年青岛市种植了大量石楠，种植形式也多种多样，列植、孤植、绿篱以及地被栽植效果都不错。石楠春季新叶红艳，夏季转绿，秋叶又会呈现红色，霜重色逾浓。春季，石楠的新梢顶端会开出密密层层的小白花，花虽小却十分精美，上百朵的小花组成一个密集的花团，十分美丽。不过这种美丽的花朵"只可远观而不可亵玩焉"。因为它们会散发出一种不好闻的气味，很多人都被熏得难受，躲之不及。石楠花后会结小梨果，果实熟时为红色，后呈褐紫色，缀满枝头，极为壮观。

石楠的枝叶秀丽，四季常绿，其萌芽力强、耐修剪，是一种既可赏叶观花、又可观果的优良观赏树种。石楠还是一种抗有毒气体能力较强的树种，可在大气污染较严重的地区栽植。其木材为红褐色，坚实、致密，可制农具、家具和工具柄（别名凿木就是因为适合做凿子的木柄而得）。石楠的根部还是制作烟斗的优质材料。另外，石楠叶可入药，有利尿、补肾、解毒、镇痛的作用。

"石楠"古时叫"石南"

石楠在我国古时写作"石南"，《本草纲目》中记载，因为这种植物"生于石间向阳之处"，所以叫"石南"。但是"石南"怎么看都不像一个植物名称，因为楠木是产于南方的常绿乔木，所以后来人们就把它写成"石楠"了。

NO.75 招蜂引蝶 厚叶石斑木

> 厚叶石斑木是常绿灌木或小乔木，小枝粗壮；叶片厚革质，呈长椭圆形、卵形或倒卵形，圆锥花序顶生；花瓣呈白色，倒卵形；果实呈球形，黑紫色带白霜。

2016年暮春，有朋友在微信上发来一张照片，说是在青岛中山公园会前村遗址拍的，问是什么植物。照片中的花正盛开，满树的花儿像白雪一般盖在这原本应该是浓绿的小树上，一簇一簇的花朵像是一团一团的雪球，更像一团一团的泡沫。这就是厚叶石斑木，一直以来还真没有注意到它，只是觉得这种植物在青岛不多见，没想到它开起花来是如此惊艳。于是我立马拿起相机，跑到会前村遗址。走到它跟前，才知道它是那么的"招蜂引蝶"。这儿几乎成了一个蜜蜂的乐园，每一簇花上都有好几只蜜蜂在辛勤忘我地工作，就连我把镜头凑过去，它们也照忙不误。但几天工夫，花期就过去了。

厚叶石斑木为蔷薇科、石斑木属常绿灌木，幼枝初被褐色绒毛，后逐渐脱落。叶片集生于枝顶（看起来近似于轮生），边缘具细钝锯齿，上面光亮，平滑无毛，下面色淡，无毛或被稀疏绒毛；顶生总状花序，花梗有锈绒毛，花瓣5片，呈白色或淡红色，先端圆钝，基部具柔毛；雄蕊与花瓣等长或稍长；果实球形，呈紫黑色。厚叶石斑木花期在4月，果期在7~8月。

厚叶石斑木形态变异性很强，其叶片大小、宽窄、叶边锯齿深浅、

网脉显明下陷与否,差异很大;苞片和萼片线形或披针形,萼筒外面无毛或被绒毛,花瓣呈倒卵形或披针形,雄蕊会发生变异或长于或短于萼筒。

厚叶石斑木别名趣谈

厚叶石斑木有一个"车轮梅"的别称,是因为其叶片集生于枝顶近似于轮生,看起来很像车轮的轮毂,而每朵小花又像梅花。她还有一个别名也很有意思,称作"春花",意为她开花了春天才算来了。

厚叶石斑木在青岛未见其结实,原因不详,据说它的果子可以吃,味道还不错,可惜青岛的朋友没口福了。

NO.76 花开密集 榆叶梅

偶遇地：
___年___月___日

榆叶梅为蔷薇科、桃属落叶灌木，又名小桃红、鸾枝。其枝条开展，有多数短小枝，小枝呈灰色，老枝呈紫褐色。它的叶在桃属中独树一帜，叶片外形似榆树叶，叶缘具有粗锯齿或重锯齿，表面褶皱起伏不平，常具有柔毛。榆叶梅4月开花，花单瓣至重瓣，呈紫红色。

古装影视剧中的丫鬟名字一般用一个花名，其中就有叫"小桃红"的，这小桃红花的本尊就是榆叶梅。榆叶梅很好记，因其叶片像榆树叶、花朵酷似梅花而得名，有众多的变种。

榆叶梅原产自中国北部，在中国已有数百年栽培历史，全国各地许多公园内均有栽植。青岛的中山公园、百花苑中也有栽培。

原种的榆叶梅花很小，单朵花不太起眼。目前园林绿地内栽植的是榆叶梅的重瓣品种，花朵大小与重瓣碧桃相仿，但要更娇美一些。榆叶梅老枝（二年以上的枝）之上的花通常紧密簇生，花梗缩短几乎没有，有种极度密集之感。二年小枝上的花通常单生或两三朵聚生，花梗有一

定长度。重瓣榆叶梅的花通常有十枚或更多萼片，萼筒膨大呈半球形，其核果近球形，红色、有毛。

榆叶梅的花与梅花长得很像，且名字中都有一个"梅"字，也许有人会因此认为榆叶梅和梅花关系相近。但其实两者关系较远，它和桃树的关系反而更近。这可以从它的雄蕊花丝看出来——榆叶梅在花开过一段时间后雄蕊的花丝会微微变红，这一特点如其他桃属物种一样。

榆叶梅的枝叶茂密，花繁色艳，有较强的抗盐碱能力，是中国北方园林重要的绿化观花灌木树种。

榆叶梅的品种知多少

常见的榆叶梅品种有：单瓣榆叶梅——开粉红色或粉白色单瓣小花；重瓣榆叶梅——开红褐色花，花朵大，重瓣，花朵多而密集，花萼和花梗均带有红晕；半重瓣榆叶梅——开粉红色花朵，半重瓣；截叶榆叶梅——花呈粉色，叶的前端呈阔截形，近似三角形，耐寒力强。

兄弟之花
郁李

NO.77

偶遇地：
___年___月___日

> 郁李为蔷薇科李属落叶灌木，又名爵梅、秧李。其树皮呈灰褐色，嫩枝呈绿色或绿褐色；叶片先端长尾尖，基部为圆形，边缘有锐重锯齿。郁李春季开花，与叶片同时开放，2~3朵一簇，呈白色或粉红色。它的核果近圆球形，呈暗红色，果期在7~8月。

郁李被称为"兄弟之花"。古人认为郁李花贴枝而生,开时一枝长条从上至下全是花,上承下覆,繁缛可观,似有亲爱之意,故以喻兄弟。待花零落只剩花萼,古人伤感将其喻为兄弟分散,就用"棣萼"来寄托属于兄弟之间的思念。而关于郁李的记载,也可追溯到古时。清代陈淏之《花镜》有:"郁李一名棠棣,又名夫移、喜梅,俗呼为寿李。树高不过五六尺,枝叶似李而小,实若樱桃而赤,味酸甜可食。其花反而后合,有赤、白、粉红三色。单叶者子多,千叶者花如纸剪簇成,色最娇艳,即此。"

郁李开花时非常繁茂,花色鲜艳,秋天叶转红,丹果累累,是优良的观花赏果树种,其根和仁还可以入药。郁李宜丛植于草坪、山石旁、建筑物前,或点缀于庭院路旁,也可作花篱栽植。

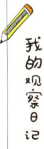

我的观察日记

偶遇地：
___年___月___日

花开满条红
紫荆

NO.78

紫荆为豆科紫荆属落叶灌木，又名紫株、满条红。其树皮和小枝呈灰白色，叶纸质，基部为心形，叶柄略带紫色，全缘；花呈紫红色或粉红色，簇生于老枝和主干上，常先于叶开放；荚果，种子呈黑褐色。紫荆花期在3~4月，果期在8~10月。

一说到紫荆花，很多人马上会想到香港特别行政区的区花。那尊坐落在香港会展中心新翼的海边，由中央人民政府向特区政府赠送的大型青铜雕塑——永远盛开的紫荆花，准确地表现了紫荆花的特征：五枚花瓣中间一枚较大，其余四瓣两侧成对排列。这种紫荆花的中文名应是"洋紫荆"或者叫"红花羊蹄甲"，它只能生长在亚热带和热带地区。青岛地区常见的紫荆则是另一种植物，二者同属豆科，但"洋紫荆"属于羊蹄甲属，青岛常见的紫荆属于紫荆属。

我从小就对紫荆花很熟悉，在我上学必经的路边花坛中种植着一排紫荆树，虽然它的花不像其他常见花卉那样大，只是密密麻麻地聚在树枝上，紫红色的小花一簇簇、一串串很是美丽，并且那些老干上也会开满紫色的小花。每次花开完以后，紫荆还会结果，其果很像扁豆。

紫荆一般不会长得太高，在城市中也就会长到2~3米。紫荆树皮和小枝呈灰白色，光滑不开裂。紫荆叶纸质，近似于心形。小花呈紫红色或粉红色，簇

生于老枝和主干上，尤以主干上的花较多，越到上部的幼嫩枝条上花越少。每年春天当紫荆树的叶子还没长出时，主干和枝条上的花就盛开了，所以它又名"满条红"。

李时珍说："紫荆因木似黄荆而色紫故名。"这便是紫荆名字的由来。

紫荆原产自中国，有着较长的栽培历史，在古时候，紫荆还是家庭和美、骨肉情深的象征。

象征骨肉情深的紫荆花

在南朝吴钧的《续齐谐记》中有这么一个典故：传说南朝时，京兆尹田真与兄弟田庆、田广三人分家，当别的财产都已分置妥当后，才发现院子里还有一株枝叶扶疏、花团锦簇的紫荆花树。当晚，兄弟三人商量将这株紫荆花树截为三段，每人分一段。第二天清早，兄弟三人前去砍树时发现，这株紫荆花树枝叶已全部枯萎，花朵也全部凋落。田真见此状不禁对两个兄弟感叹道："人不如木也。"后来，兄弟三人又把家合起来，并和睦相处。那株紫荆花树好像颇通人性，也随之恢复了生机，且生长得枝繁叶茂。

NO.79 百鸟不落 云实

偶遇地：
___年___月___日

云实是一种豆科云实属攀援植物，别名百鸟不落、老虎刺尖、倒钩刺、黄牛刺、马豆、牛王刺、药王子。其树皮呈暗红色，密生倒钩刺；花呈黄色，盛开时反卷；荚果近木质；花期在4~5月，果期在8~10月。

4月，桃梨争妍已经落幕，木槿石榴尚未展容，云实却偷空绽放了，那是金黄的兰花般层层叠叠的小花，有着淡淡的甜味。

云实是中药，但它带有轻微的毒性，吸食后会让人进入迷幻的精神状态，某种程度上与所谓的"摇头丸"有一点相似。唐朝诗人曹唐《刘阮洞中遇仙子》中写道："云实满山无鸟雀，水声沿涧有笙簧。碧沙洞里乾坤别，红楼枝前日月长。愿得花间有人出，免令仙犬吠刘郎。"这里是说因为云实有刺和毒性，鸟都不喜欢落下，以至满山无鸟雀。正因为如此，云实也就有了"百鸟不落"的别名。

云实是一种豆科云实属攀援植物，树皮呈暗红色，密生倒钩刺；二回羽状复叶，有7~15对膜质，长圆形小叶组成一枚羽片，共有3~10

对羽片，组成一片完整的叶。云实的花为总状花序、顶生，总花梗多刺；花左右对称、劲直，萼下具关节，花易脱落；花瓣有5枚、呈黄色，盛开时反卷；雄蕊花丝中部以下密生茸毛。

它的荚果近木质，呈短舌状，偏斜、稍膨胀，先端具尖喙，沿腹缝线膨大成狭翅；成熟时沿腹缝开裂，无毛，有光泽；荚果内有6~9枚长圆形的褐色种子。云实花期在4~5月，果期在8~10月。

云实的果壳、茎皮含鞣质，可制栲胶；根、茎、果实供药用，有发表散寒、活血通经、解毒杀虫的功效；嫩叶可作蔬菜食用，味酸稍带涩，小枝腺毛有臭味，故云南傣族称之为"臭菜"。

需要注意的是，云实为中国植物图谱数据库收录的有毒植物，其全株有毒，茎毒性最大，误食后易兴奋狂躁。

以云实喂雏凤

云实是传说中的仙果，《拾遗记·周》记载："周四年，旃涂国献凤雏，载以瑶华之车，饰以五色之玉，驾以赤象。至于京师，育于灵禽之苑，饮以琼浆，饴以云实……"意思是说，周朝四年时，旃涂国进贡了一只幼凤，把它装载到装饰着五色玉石的华贵车子里，用红色的大象拉车。到了京城，把雏凤放养到饲养珍禽的园林中，每天喂给它特制的美酒和云实。

甜美可食
NO.80 锦鸡儿

偶遇地：
___年___月___日

锦鸡儿为豆科锦鸡儿属小灌木,又名金雀花、土黄豆、黄棘。其枝开展、有棱,皮有丝状剥落;托叶呈针刺状,偶数羽状复叶,暗绿色;花单生,黄色稍带红,凋谢时为褐红色;荚果呈圆筒状,花期在4~5月,果期在5~6月。

四月末,人们在公园里常看到一种非常美丽的小灌木,枝繁叶茂,干似古铁,花冠蝶形,开花时节满树金黄。这就是锦鸡儿,平常不惹人注目,花开时却颇为壮观。

锦鸡儿的名称最早见于明代的记载。《救荒本草》中记载:"锦鸡儿……生山野间……枝梗亦似枸杞,有小刺。开黄花,状类鸡形。结小角儿,味甜。救饥:采花煠熟,油盐调食,炒熟吃茶亦可。"《群芳谱》也有记载:"金雀花,丛生,茎褐色,高数尺,有柔刺,一簇数叶,花生叶旁,色黄形尖,旁开两瓣,势如飞雀,甚可爱。春初即开采之,滚汤入少盐微焯,可作茶品清供,春间分栽,最易繁衍。"
上述两书均记载锦鸡儿可以食用,我国云
南地区的居民就用这种花做菜吃。当地称
这种花为金雀花,有些餐馆里就有金雀花
炒蛋或金雀花炒肉这两道菜。有一次我试
着点了一份,吃起来甜甜的以为是加了糖,
后来问起店家才知道,这花心儿里有蜜,吃的就是这一包
蜜的甜味,所以做这道菜是不放盐的。

锦鸡儿喜光,萌芽力、萌蘖力均强,能自然播种、繁殖,在深厚肥沃湿润的沙质壤土中生长更佳。它根系发达,具有根瘤,抗旱耐瘠,能在山石缝隙处生长。其根系被风蚀裸露后,一般情况下仍能正常生长,是优良的防沙固沙植物。

锦鸡儿是我国特产树种,分布于中国长江流域及华北地区的丘陵、山区的向阳坡地,现已作为园林花卉广泛栽培。青岛中山公园、百花苑均有栽培。

锦鸡花为什么又叫金雀花?

很久以前,山东的沂河波涛汹涌,危害着两岸的人们。沂河岸边生活着一户善良人家,有两个女儿,一个唤作金雀,一个唤作银雀。一年夏天,金雀和银雀自告奋勇与乡亲们一起去抗击洪水,但各种办法都用尽了,依然降服了不了凶猛的洪水。最后,精疲力竭的金雀和银雀便跳入决口处去堵洪水。就在她们跳入水中的一刹那,只见沂河决口处慢慢升起了两座小山,挡住了决口。从此,沂河洪水再也没有侵袭过这片土地。

后来这两座山上长出一种特有的植物,盛开金色的小花,灿若繁星,乡亲们为了纪念这两个孩子,就把这小花叫作金雀花。

酸涩难咽
枸橘

NO.81

偶遇地：
___年__月__日

枸橘为芸香科枳属落叶灌木或小乔木，又名枳、臭橘。它的分枝多，密生粗壮棘刺；3小叶复叶，互生、有翅；小叶纸质或近革质，具钝齿或近全缘；花单生或成对腋生，呈黄白色，有香气，常先叶开放；柑果呈球形，直径3~5厘米，为橙黄色，具茸毛，有香气。

五月枸橘花开，白星点点，甚是好看。枸橘花有五片花瓣，枝干曲折多刺，结出的小果子黄澄澄的，酸涩难咽，但可入药，药名为枳。但

文学形象里,枳的意象是孤寂的。温飞卿的"鸡声茅店月,人迹板桥霜……槲叶落山路,枳花明驿墙"里的"枳花",说的就是枸橘花。

枸橘的果实味道酸苦,无法直接食用,但可以制成中药里的枳实、枳壳。枸橘和橘的区别,大致为枸橘的植株较橘矮小,枝干曲折多刺,种在院子里可以形成天然的树篱,比如陆游诗里的"枳篱茅屋枕孤峰",读来有一种野趣。此外,还可以从叶子上来分辨。枸橘叶是三出复叶,即叶柄的顶端有三片小叶;橘是单身复叶,在叶柄和叶片之间形成一个明显的关节,看起来就如同是大叶子和小叶子上下拼合而成的树叶。

枸橘易管理、耐修剪,多用作绿篱和分隔带,是较好的绿化树种,还可以做嫁接柑橘的砧木以提高抗性。在青岛常常用枸橘来作果园的界墙,其巨大棘刺的威慑力比铁丝网要大得多。另外,枸橘的花是许多昆虫的重要食物,叶片会吸引一种美丽的蝴蝶——柑橘凤蝶,夏季在枸橘较多的地方就会经常看到这种黄绿间蓝黑色的蝴蝶在飞舞。

枳永远不会为橘

枳最早出现在《周礼·考工记序》里:"橘逾淮而北为枳。"《晏子春秋》里化用了这个典故,以那句"橘生淮南则为橘,生于淮北则为枳"使之更广为人知。实际上,千百年来,枳一直生活在人们的误解中,枳和橘虽然同科却并不同属,橘是柑橘属,枳为枳属,是不同的植物,枳永远不会为橘。

偶遇地：
___年___月___日

生长极缓
黄杨

NO.82

黄杨为黄杨科黄杨属常绿灌木或小乔木，又名瓜子黄杨。其枝呈圆柱形、灰白色，小枝呈四棱形；叶革质，叶面光亮，中脉凸出；花序腋生、头状，花密集。黄杨花期在3月，果期在5~6月。它原产自中国，木材坚实，材质致密，可供美术雕刻、制木梳与乐器等；根、枝、叶可入药。

黄杨枝圆为柱形,灰白色,有纵棱。它的叶片小、革质,叶面油绿有光泽,因外形像西瓜子故名瓜子黄杨;头状花序腋生,小花密集;蒴果近球形。黄杨花期在3月,果期在5~6月。

黄杨是一种生长极其缓慢又极其矮小的常绿灌木或小乔木,要过四五十年才能长到三至五米高,在园林绿化中极其常见。黄杨树姿优美,叶小如豆瓣,质厚而有光泽,四季常青,可终年观赏。

黄杨耐修剪。因其多生于高山山脊或溪涧石缝之中,或经酷雪风霜的磨砺,或经潺潺流水的冲刷,使它天然地长成虬枝曲干、婀娜多姿的树形。黄杨根爪有力、盘曲虬龙,或九曲回肠,或横枝婆娑。加上它叶小如豆瓣、四季常青、耐修剪、枝条柔软等特性,让它成为盆景制作的理想材料,与金雀、迎春、绒针柏并称为"盆景四大家",从唐朝开始一直是盆景用材的首选。

黄杨既耐阴,又喜光;既喜湿润,又耐旱;既耐热,又耐寒。所以目前在绿地中广泛应用。在青岛室外栽植的黄杨虽然是常绿,但进入冬天后,因为低温刺激叶片还会转为锈褐色。因此黄杨还有一个别称为"锦熟黄杨"。

黄杨厄闰

因黄杨木难长,遇到闰年,非但不长,反而会缩短,所以用成语"黄杨厄闰"比喻境遇困难。"咫尺黄杨树,婆娑枝干重。叶深圃翡翠,根古距虬龙。岁历风霜久,时沾雨露浓。未应逢闰厄,坚质比寒松。"此诗准确地写出了黄杨一年四季郁郁青翠,但生长却十分缓慢的特点,自古便有"千年矮"的别称。

NO.83 龟甲冬青

极耐修剪

偶遇地：
___年___月___日

> 龟甲冬青为冬青科冬青属常绿小灌木，是钝齿冬青的栽培变种。它多分枝，小枝有灰色细毛；叶小而密，叶面凸起、厚革质，呈椭圆形至长倒卵形；花为白色；果为球形、黑色。它是常规的绿化苗木。

说起冬青，多数青岛人马上会想起大叶黄杨。大叶黄杨是一种耐旱、抗污染、适应性强，特别适合城市绿化的植物。实际上"大叶黄杨"的准确中文名应是"冬青卫矛"，是卫矛科卫矛属的一种常绿灌木。而我们今天所说的"龟甲冬青"则属冬青科冬青属的常绿小灌木，是钝齿冬青的变种。它多分枝，小枝呈灰黑色，幼枝呈灰色或褐色，具纵棱角，密被短柔毛，较老的枝具半月形隆起叶痕和稀疏的椭圆形或圆形皮孔。其叶生于1~2年生枝上，叶小而密，叶面凸起（形似龟背故名"龟甲冬青"），厚革质，呈椭圆形至长倒卵形。龟甲冬青边缘具圆齿状锯齿，叶面亮绿色，背面淡绿色，无毛，密生褐色腺点，主脉在叶面，平坦或稍凹，在背面隆起，叶柄长2~3毫米，上面具槽，下面隆起。它的花为单性异株，雄花1~7朵排成聚伞花序，生于叶腋内，有白色花瓣4片，雄蕊短于花瓣；雌花为单花，或2~3朵簇生于当年生枝的叶腋内。其果为球形，成熟后呈黑色。花期在5~6月，果期在8~10月。

龟甲冬青枝干苍劲古朴，叶子密集浓绿，有较高的观赏价值。多作

为地被树成片栽植，质地细腻，修剪后轮廓分明，保持时间长。也常用作基础树种种植于彩块及彩条区；还可植于花坛、树坛及园路交叉口，观赏效果均佳。另因其有极强的生长能力和耐修剪的能力，也可作盆栽或庭植观赏。

龟甲冬青的果实吃不得

中国是冬青属的多样性中心，有200多个物种，其中四分之三是特有种，著名的有大叶冬青，它的叶片干燥后就是苦丁茶。

绝大多数冬青属的果实是鲜艳的红色，但龟甲冬青的果实却是另类的黑色。但不管是什么颜色的冬青，其果实都有一个共性：有毒。龟甲冬青的果子能让人上吐下泻，儿童多吃几粒就有生命危险。

花香浓郁
结香

偶遇地：
___年___月___日

结香为瑞香科结香属落叶灌木，又叫打结花、三叉木、梦冬花、喜花。它是常见的早春花木，小枝呈棕红色，通常三杈状分枝，故叫"三叉树"；叶互生，常簇生枝顶，长椭圆形，全缘；小花呈黄色，聚成假头状花序，生于枝顶，浓香，下垂，先叶开放；核果。

初春乍暖还寒的时候，公园里的植物尚在休眠中。但如果你仔细观察可能会发现这样一株花，它没有一片叶子，枝头的小花球全部都是朝下的，像还没睡醒似的，枝条上还打了不少结，却并没有折断，这就是结香树。

结香名字的来源很简单，因为它的枝条能打结而且花很香。

结香可能是青岛园林绿地中最奇特的植物之一了，不开花时，在盘根错节的褐紫色树枝上有白色的小印子（叶痕）。冬末，树枝上就挂着球形白色花苞；春天，结香花便一朵朵绽开，小花有8片花瓣，最后形成由几十朵小花组成的一大朵嫩黄色花球。

结香的香味比较浓郁，可能是因为开花的时节较早，大地万物尚未苏醒，因此需要更多香气吸引昆虫授粉。所以结香盛开时几十米外就能闻到它的香气，特别是夜间，香味更加浓郁。

结香原产自我国长江流域以南及河南、陕西等地。在青岛，我们可在公园、道路绿地及老城区部分庭院内见到它的身影。

结香不仅有较高的观赏价值，还可以抑制白蚁。它的树皮是一种高级纤维，可制造成高级纸张。结香全株均可入药，晒干的花还可以用来泡茶。

第三章 被子植物-灌木

为何称结香树为"梦花"?

结香枝条粗壮柔软,可打结而不断,故名"打结花""打结树"。据说在一些地方结香被称作"梦花"。因为结香的花在未开之前,所有花蕾都是低垂着的,像是在睡梦中。还有一种说法是,如果晚上做了梦,大清早在没人看见的时候去把结香的树枝打个结,好梦就可以实现,噩梦就可以化解。所以,这种树被称为"梦树",而花,自然就成了"梦花"。

光彩四照
四照花

NO.85

偶遇地：___年___月___日

四照花为山茱萸科四照花属落叶小乔木或灌木，又名山荔枝。其小枝呈灰褐色；叶对生，纸质，叶面为暗绿色，背面为粉绿色；花期在5~6月，头状花序近顶生，大型，为黄白色，苞片花瓣状；聚花果球形，成熟后变紫红色，像缩小版的荔枝。

四照花是一种美丽的庭园观花观果树种。它树姿端庄优美，初夏开花，白色苞片覆盖全树，微风吹动如同群蝶翩翩起舞；秋季叶、果竞红，让人心旷神怡。真是"春日花苞似蝶舞，秋来叶果双竞红"。

四照花因花序外有两对黄白色花瓣状大型苞片、光彩四照而得名。它的真正的花是白色苞片里黄绿色像花心的部分，这花心部分由100余朵绿色花聚集而成，头状花序，呈球形。

四照花分布广泛，在全国各地均有栽培。它喜光，耐半阴，喜温暖气候和阴湿环境，适生于肥沃且排水良好的沙质土壤；适应性强，能耐一定程度的寒、旱、瘠薄。在园林绿化应用中可孤植或列植，用来观赏其秀丽的叶形及奇异的花朵和红灿灿的果实；也可丛植于草坪、路边、林缘、池畔，或与常绿树混植。

四照花是药、食两用树种，其果不但可鲜食、酿酒和制醋，还可入药，具有暖胃、通经、活血的作用。另外，其鲜叶可敷伤口，有消肿的作用；其根及种子煎水服用可补血。四照花木材坚硬，纹理通直细腻，易于加工，也是良好的用材树种。

古籍中的四照花

传《山海经·南山经》中写道："南山经之首曰鹊山，其首曰招摇之山……有木焉，其状如榖而黑理，其华四照，其名曰迷榖，佩之不迷。"翻译成现代白话文就是：南方首列山系叫作鹊山。鹊山山系的头一座山是招摇山……山中又有一种树木，形状像构树却呈现黑色的纹理，并且光华照耀四方，名称是迷榖。人们将它佩戴在身上就不会迷失方向。

枝干红艳

红瑞木

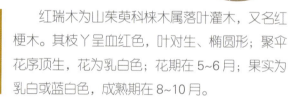

偶遇地：
___年___月___日

> 红瑞木为山茱萸科梾木属落叶灌木，又名红梗木。其枝丫呈血红色，叶对生、椭圆形；聚伞花序顶生，花为乳白色；花期在5~6月；果实为乳白或蓝白色，成熟期在8~10月。

漫步于园林，我们总会发现草坪上或常绿乔木间种植着一些枝干鲜红的灌木。初夏，它们在枝顶开着一团团乳白色的小花，到了秋季霜叶鲜红，小果洁白，落叶后枝干红艳如珊瑚，与冬季常绿树红绿相映，十分美丽，这种灌木的名字就叫红瑞木。

红瑞木1~3年生的小枝树皮呈紫红色，有柔毛或白粉；老枝呈红白色，散生灰白色圆形皮孔及略为凸起的环形叶痕。所以，绿地中的红瑞木要经常进行修剪，去掉老枝，才能使枝条保持鲜红色。红瑞木的叶是对生的，纸质，椭圆形，边缘全缘或波状反卷，上面有极少的白色短毛，叶背面呈粉绿色，毛较正面多。红瑞木叶脉呈弓形内弯，这也是山茱萸科重要的识别特征。

红瑞木的花呈白色或浅浅的黄白色，体量很小。开花时，中央的花最先开放，然后由内向外逐渐开放。这些小花有着密集的分枝，在植物学上称为"伞房状聚伞花序"，会在5~6月开放。

6~10月，红瑞木花后会长出白色的小果子、微扁，果子的顶端有一绿色的圆点，上面长有宿存的褐色花柱。果实中心长有一粒橄榄形的核，这种果子被称为"核果"。

红瑞木在潮湿温暖、光照充足、肥料充足的环境中生长良好，可做观赏树，是良好的切枝插花材料。除了具有观赏价值，红瑞木还是传统的中草药。

花香浓郁 桂花

桂花为木樨科木樨属常绿乔木，又名九里香、木樨。它质坚皮薄，叶呈长椭圆形，面端尖，对生，经冬不凋；花生叶腋间，花冠合瓣四裂，形小。桂花是中国传统的十大名花之一，是集绿化、美化、香化于一体的观赏与实用兼备的优良园林树种。

国庆前后，当我们走在青岛中山公园会前村遗址旁的小路上，总会闻到一缕熟悉的花香，浓浓的，像是一种历久弥新的记忆，更像是一种深情的呼唤。这香味的源头正是会前村内的百年大桂花树。

桂花算得上花中品质高洁的谦谦君子，从不与百花苦争春，而是在百花始凋的中秋时节怒放。夜深月圆之际，把酒赏桂，酒香花香交替袭来，令人神清气爽、如痴如醉。

桂花是常绿乔木，但在青岛有很多长成灌木状。其主要原因是桂花有很多繁殖方式，扦插繁殖的常常长成灌木状，而嫁接的会长成乔木状。

桂花的叶片为革质，叶面光滑，正面为暗亮绿色，叶背面色较淡，叶片一对对地长在小枝上。叶片和枝条间的叶腋下藏着桂花，这些花仅米粒大，细细密密的。花色因品种而异，丹桂的花是橙红色的，金桂的花是金黄色的，银桂的花是白色的。桂花的香，虽然不似梅花的"暗香浮动"，也不似莲花的"香远益清"，但却浓烈、芬芳、香甜、馥郁、饱满。桂花外形平凡，要不是这诱人的香气，只怕是很难引人注意的。

桂花开花后会有一部分结果实，这些果实呈绿色，还有白色的小斑点。正常情况下，果实长度只有1厘米左右。果实颜色会慢慢变深，长到最后，变成紫黑色。

桂花适宜栽植在通风透光的地方，喜干净的环境，否则不会开花。桂花的根怕涝，如果有积水，先是叶尖焦枯，随后叶片枯黄脱落，进而导致全株死亡。桂花还很不耐寒，一般来说黄河是桂花的天然分界线，黄河以北的人欣赏桂花就需要盆栽了。即便在青岛地区，桂花也需要在南坡、房屋的南向等环境栽植。

桂花是中国十大传统名花，从唐宋时期就被广泛栽培了。它不仅形美花香，还可以制作桂花茶、糕点、糖果等食品，更可酿酒。另外，桂花还可提取芳香油、制桂花浸膏，用处很广。

文人眼中的桂花

唐代大诗人李白的《咏桂》有："世人种桃李，皆在金张门。攀折争捷径，及此春风暄。一朝天霜下，荣耀难久存。安知南山桂，绿叶垂芳根。清阴亦可托，何惜树君园。"宋代女词人李清照在《鹧鸪天·桂花》中也有这样的赞美之词："暗淡轻黄体性柔，情疏迹远只留香。何须浅碧深红色，自是花中第一流。"

白花朵朵 刺桂

偶遇地：
___年___月___日

刺桂为木樨科木樨属常绿灌木，四季常青，入秋白花朵朵，香气弥漫，是良好的观赏树种。其叶对生，叶形多变，厚革质，边缘有1~4个刺状齿或全缘；雌雄异株，花簇生于叶腋，花冠白色，香味较淡；果卵形，呈蓝黑色；花期在11~12月，果熟期在翌年10月。刺桂抗污染性强，广泛用于园林绿化、工厂绿化和四旁绿化。

初冬的公园里，植物大多已进入休眠期，而刺桂却在这时开放，在早晨的第一缕阳光下散发出阵阵清香，仿佛一声声问候令人欣喜。

刺桂是舶来品，原产地主要在日本，我国台湾省也有分布。在日文中刺桂写作"柊"，还有个别名叫"疼木"。据说这是因为它的树叶上带有许多锯齿。

刺桂是一种常绿灌木或小乔木，四季常青。叶对生，厚革质，边缘有1~4个刺状齿，与圣诞花环上的枸骨很像，但两者科属完全不同。从叶上区别的话，刺桂的叶较平整，叶缘的刺与叶面基本在一个平面上，而枸骨的叶的尖刺是反曲的。有趣的是，刺桂年轻时叶子上的刺十分尖利，树老后尖刺渐渐变得圆滑。

深秋初冬后，刺桂白花朵朵，香气弥漫，沁人心脾，但它的香味比中国桂花要淡得多。刺桂花都为白色，雌雄异株，但花形略有不同。雄株花两根雄蕊突出，雌株花花柱长，受粉后会结出红色小果。青岛刺桂数量不多且植株间相隔较远，所以很少能见到结果的雌株。

第三章 被子植物-灌木

刺桂喜欢温暖湿润的气候,稍耐寒,生长慢,寿命较长。它抗污染能力强,是园林绿化、工厂绿化和四旁绿化的优良树种,且木材坚实、富有韧劲、抗冲击、耐久,是木细工器具的好材质。

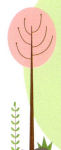

刺桂与"驱鬼符"

中文的"柊"字你会念吗?很多人以为它的发音与"冬"相同,但其实是发"zhong"音。

日本人喜欢在家门口种柊树,是看中了它叶子上的尖刺。据说这些尖刺可刺瞎恶鬼之眼,从而防止邪鬼入侵家门。在每年二月三日"节分"这天,日本人除了用豆子打鬼,嘴里念叨"福进门来,鬼去门外",还要在门上装饰用柊树和大豆枝加烤焦了的沙丁鱼做成的"驱鬼符"。

"东风第一枝"
迎春花

NO.89

偶遇地：____年__月__日

迎春花为木樨科茉莉花属落叶灌木，又名黄素馨、金腰带。它叶片为三出复叶，有3片小叶着生在总叶柄的顶端；叶片在枝条上成对生长，相近的两对叶片呈九十度排列；花单生在去年生的枝条上，先于叶开放，有清香，呈金黄色，外染红晕。

初春的青岛，乍暖还寒，绿地里的植物大多还在"猫冬"。此时在路旁、石畔、墙头会悄然探出一丛丛鹅黄，这就是被称为"东风第一枝"的迎春花。迎春花因其在百花之中开花最早，花后即迎来百花齐放的春天而得名。它与梅花、水仙和山茶花统称为"雪中四友"。不同于梅花的傲骨、水仙的婀娜以及山茶的灿烂，迎春花所带来的，更多的是一种期盼，一种对春的期盼。白居易有诗赞迎春花："幸与松筠相近栽，不随桃李一时开。杏园岂敢妨君去，未有花时且看来。"

迎春花丛生、低矮，小枝呈拱形下垂。初春开花时尚无叶片，枝条如柳枝一般婀娜，一朵朵鹅黄色的小花缀满枝身。郭沫若对于迎春花的描述极为通俗："春天来了，我们的花开得比较早，金色的小喇叭，压满了枝条。"

但是，人们常将符合以上特征的花朵错认为是迎春花。冒牌的迎春花里，要数连翘最常见。因为耐寒耐旱，好种好活，且长得远比迎春高大，所以连翘的出镜率有时要高于迎春。连翘"金色的小喇叭"4裂成花瓣状，而迎春则是5~6裂；连翘枝条呈黄褐色，而迎春多为深绿色，细细看来，差异显著。另外，生于南方的黄素馨也常被错认为是迎春。但黄素馨常绿、不落叶，花期略晚于迎春，不同于迎春冬季落叶，所以黄素馨又有"探春"和"迎夏"的别号。

迎春因其独特的个性在园林绿化中被广泛应用，常配置在湖边、溪畔、桥头、墙隅，或栽植于草坪、林缘、坡地、房屋周围。开花时节，满枝黄花弯垂，像倾斜的金色瀑布，又像是缀满花饰的少女的长发，让人浮想联翩，流连忘返。

迎春花为什么又叫"金腰带"？

相传功成名就后的西施某天与范蠡于太湖踏青，偶见盛开的迎春花，范蠡便折了一段枝条，绕于西施腰间，西施不知道迎春花的雅号，却又不乐意显露无知，她见此花色金黄，颇似官员的金色腰带，于是将之呼为"金腰带"。美人无戏言，于是迎春花的别名"金腰带"由此而来。

可在海岸种植
海州常山

NO.90

偶遇地：___年__月__日

海州常山为马鞭草科大青属落叶灌木，又名臭梧桐、八角梧桐。它的老枝呈灰白色，具皮孔，髓白色，有淡黄色薄片状横隔；叶片纸质，轻揉叶片会有异味；伞房状聚伞花序顶生或腋生，通常二歧分枝，花萼蕾时为绿白色，后为紫红色；花呈白色或带粉红，有香气，花丝与花柱同伸出花冠外；核果，花果期为6~11月。

海州常山名称很怪异，又是山又是海的，完全不像个植物名。据宋代《本草图经》记载，所谓"海州常山"是指海州（宋时海州，现连云港地区）产的一种药效同常山（一味中药）的植物。

海州常山的叶片有独特的味道，这是识别它的主要特征。它的花很美，开花之后萼片宿存变红，配上蓝紫色光亮的核果颇堪赏玩。海州常山靠浓郁的甜香吸引蛾子传粉，而这种香味在夜里会变得更浓。它还有一套很特别的传粉系统，即每一朵花开的第一天，4枚雄蕊的花丝伸直，花药开裂释放花粉，而雌蕊的花柱下垂且柱头没有活性。等到第二天雌蕊的花柱伸直且柱头有了活性，雄蕊的花丝就卷曲起来，花粉也散

完了。以这样的方式，花药和柱头在各自有活性的时期轮流占据能接触传粉昆虫的身体，从时间和空间上的双重隔离避免了自花授粉。

海州常山花序大，花果美丽，一株树上花果共存，白、红、蓝色泽亮丽，花果期长，植株繁茂，为良好的观赏花木，丛植、孤植均宜，是布置园林景观的良好材料。因它对盐碱有抗性，可以在海岸栽植，青岛滨海大道上的绿地常见它的身影。除观赏外，海州常山的根、茎、叶、花均可入药。

颜色可控
八仙花

NO.91

虎耳草科八仙花属植物落叶灌木,别名绣球、粉团花、草绣球、紫绣球、紫阳花。它的小枝粗壮,皮孔明显;对生叶大而稍厚,边缘有粗锯齿;花大型,由许多不孕花组成顶生伞房花序。

偶遇地:
___年___月___日

　　八仙花为落叶灌木,小枝粗壮,树高1~2米。其叶为卵形,呈有光泽的浅绿颜色,叶脉凹陷清楚,叶缘周围为锯齿状。八仙花于6月开始开花,可以断断续续开到深秋。但它的枝条每年只会开一次花,仅有少量品种会像月季一样一年多次开花。所以八仙花的修剪要在花后及时进行,如在冬春季节修剪是会剪掉来年的花芽的。

　　八仙花的花是由很多特别的小花聚集成的,之所以说特别,是因为这些小花花瓣多已退化,我们看到的所谓"花瓣"大多是它的花萼。另外,这些小花往往也是不孕花,雄蕊或雌蕊发生了退化,只有少数两性花(雄蕊雌蕊均正常的花)可以结种子。还有的品种完全没有两性花,所以八仙花的繁殖以扦插、分株为主。

八仙花的花色多变,花朵的颜色会随着花朵开放的时间出现豆绿、粉蓝到蓝紫的变化。现在人们还培育出一些单一颜色的品种。另外,土壤酸碱度对八仙花的花色也有影响,长在酸性土壤中花色就是蓝色,长在碱性土壤里就是红色,所以它的花色还可以人工控制哦。

八仙花喜温暖、湿润和半阴环境,土壤以疏松、肥沃和排水良好的沙质壤土为好。当然,像八仙花这样开出硕大花头的植物,水和肥料对于它是多多益善。所以要想八仙花开得好,一定要给它"吃饱喝足"。

但美丽的背后往往潜伏着危险,若误食八仙花会出现腹痛现象,并伴有皮肤疼痛、呕吐、虚弱无力和出汗等症状,严重的甚至会出现昏迷、抽搐和体内血循环崩溃现象。

八仙花在青岛是一种常见的园林景观植物,公园、街头、小区的绿地中均能看到它的倩影。中山公园、植物园内就有大片的八仙花,鲜花盛开时,草坪上像落满了多彩的祥云。如果你也想感受那花海的魅力,就与小伙伴相约初夏,一起到植物园赏花吧。

另外,岛城的老城区庭院里经常也能看到八仙花。由于栽植时间较长,很多都长成高可过肩、直径两米左右的球形大花丛了。

NO.92 花果均美 金银木

偶遇地：___年___月___日

金银木又名金银忍冬，是忍冬科忍冬属落叶灌木。它的叶为纸质，形状变化较大；花芳香，生于幼枝叶腋；果实为红色，圆形；花期在5~6月，果熟期在8~10月。

每到深秋，花草树木逐渐开始凋零，在一片萧瑟中，我们常常会看到星星点点的红。那红不炫耀，不张扬，或是在马路旁，或是在花园里，摇曳在秋风中，让我们眼前一亮。许多人都会忍不住地问："这是啥呀？这么好看！"它叫金银木，听着是不是有点耳熟？是的，它和我们熟悉的金银花是一个科属的。金银木名字的由来是因为它开的花先是白色的，然后就变成金色的了。

金银木春末夏初层层开花，秋季粒粒红果挂满枝条，花果均美，具有较高的观赏价值。此外，它的花朵清雅芳香，引来蜂飞蝶绕，因而又是优良的蜜源树种。不仅如此，金银木还耐半阴、耐寒、耐旱，管理十分简单，是不可多得的园林绿化树种。

- 金银木的果实很诱人，让人禁不住想要摘下来咬上一口，有些鸟类把它当作食

物，尤其是喜鹊，更是对它钟爱有加。但实际上它不但口感不好，而且食用之后还会产生明显的不适感，所以还是将其留在枝头观赏吧。

区分金银花与金银木

1. 金银花为藤木，金银木为灌木。
2. 金银花的花丝等于或长于花冠，而金银木的花丝短于花冠。
3. 金银花的果实是黑色的，金银木的果实是红色的（经冬不落）。
4. 金银花花冠初为白色略有紫色，后变为黄色；金银木花开之时初为白色，后变为黄色。
5. 金银花叶片呈卵形；金银木叶片呈卵状椭圆形至披针形，先端渐尖。

第四章
被子植物—藤木

藤木 是指一群茎干细长、不能直立、需攀附别的植物或支持物,缠绕、攀援、附着或匍匐于地面生长的植物。这类植物有的攀援可达几十米又向下悬垂或者继续攀附到别的物体上,有的可覆盖几百平方米,而匍匐于地面生长的也可以在地面迅速蔓延,占据较大面积。在攀援方式上,它们则各显神通,或螺旋缠绕向上,或以卷须卷曲攀缠,或借助棘刺向上伸展,或通过吸盘或气生根吸附,有的甚至会采取多种策略混合应对。

爱情和思念的象征
蔷薇

NO.93

偶遇地：
___年___月___日

蔷薇为蔷薇科蔷薇属丛生落叶灌木，又名多花蔷薇、野蔷薇。蔷薇有皮刺，奇数羽状复叶互生，小叶边缘有锯齿；花单生或呈伞房状，有白色、黄色、粉红色至红色等多种颜色；果呈卵球形或近球形。它的花可供观赏，果实可以入药。

蔷薇是爱情和思念的象征，在青岛广泛野生，往往密集丛生在路旁、田边或丘陵地的灌木丛中。

蔷薇茎具蔓性，多刺；叶互生，奇数羽状复叶；花于春末、夏初开放，具芳香。它与同属的月季花和玫瑰的区别在于：蔷薇是蔓生性的，枝多细长而下垂；每一复叶常有5~9片小叶，叶面平展；常是6~7朵簇生；

花谢后萼片会脱落。

蔷薇开花,是夏天来临的标志,古时文人墨客常通过蔷薇来怀念春光苦短。宋黄庭坚《清平乐》有云:"春无踪迹谁知?除非问取黄鹂。百啭无人能解,因风飞过蔷薇。"当蔷薇花开,天气炎热,草木繁茂,蔷薇早已长出浓密的、墨绿色的叶子,雪白的花衬托着墨绿色的叶子,美丽完全可以和春花相提并论。

据李时珍考证,蔷薇应叫作"墙蘼",因"此草蔓柔靡,依墙援而生"而得名。后来人们给"墙蘼"二字分别加上了草字头,又不知从何时起写成了现在的"蔷薇"。

因牛喜食蔷薇,而它又多刺勒人,故有别名"牛勒";又因汉武帝和丽娟的传说,它还有一个很奇怪的别名——"买笑"。

世界上不少文明古国将蔷薇花作为真、善、美的象征。在欧洲,送一枝蔷薇,表示求爱。在法国,红色蔷薇表示"我疯狂地爱上了你";白色蔷薇表示爱情悄悄地萌发。伊朗将蔷薇定为国花。英国将玫瑰定为国花,但却对玫瑰、月季和蔷薇没有明确的界定,对三种花都同样钟爱,红蔷薇与玫瑰一样被当作情人节用花。

蔷薇为何又叫"买笑花"

汉武帝晚年觅长生不老药未果,再加上后宫斗争激烈,太子被自己所杀,闷闷不乐的他开始反省自己,愁眉苦脸,难有笑容。有一次,汉武帝难得清闲,与爱妃丽娟一起到宫中赏花。当时蔷薇刚开,那半开半闭的样子就像是在微微含笑。汉武帝顿时来了雅兴,看着旁边的美人丽娟说:"此花比美人的笑容可爱多了。"丽娟见汉武帝兴致如此之好,就笑着对汉武帝说:"笑可以用钱买吗?"汉武帝笑答:"当然可以。"于是,丽娟便让侍从取来黄金,当作买笑钱,以此来博得皇帝的欢心。

缠绕能力极强
紫藤

NO.94

偶遇地：
＿年＿月＿日

紫藤为豆科紫藤属落叶大型藤本植物，又名藤萝、朱藤。其茎右旋，枝较粗壮；奇数羽状复叶；总状花序着生在一年短枝上，小花芳香，花冠呈紫色；荚果密被绒毛，悬垂枝上不脱落；种子呈褐色，圆形扁平；花期在4~5月，果期在5~8月。

紫藤为青岛地区春季常见的观花藤本植物，它能够缠绕、攀援其他植物或支持物并向上生长。

紫藤生长快，寿命长，缠绕能力强，对其他植物有绞杀作用。为此白居易认为紫藤是种恶草，性格如同小人，便有诗句："下如蛇屈盘，上若绳萦纡。

可怜中间树，束缚成枯株。""先柔后为害，有似谀佞徒。"白居易用紫藤来比拟依附权贵、巧言令色之辈，并且奉劝大家早早查明身边的小人，以免如同被藤缠绕的枯树，纠结深陷，悔之晚矣。

但紫藤其实十分柔美，也深得许多文人墨客的喜爱。它对生长环境的适应性强，先叶开花，紫穗缀以稀疏嫩叶，十分优美，可作庭园棚架植物。李白曾有诗云："紫藤挂云木，花蔓宜阳春。密叶隐歌鸟，香风留美人。"诗中紫藤密叶中鸟儿啁啾，花架下有美人沐着春风流连忘返，多美的一幅"春日紫藤图"！但据考证这首诗可能有诗人的浪漫想象，因为唐代紫藤远没有广泛应用于庭院。直到明清，文人们种植紫藤才蔚然成风。于是也自然喜欢把酒宴摆在这花丛之间。于是就有了"铺席饮花下，飞英落芳樽，举酒和花食，可以醉吟魂"的诗句。

紫藤为奇数羽状复叶，也就是总叶柄先端会着生一枚小叶，在藤上交互生长。它春季开花，有几十朵小花着生在一根长达30～50厘米不分枝的总花梗上，开花顺序自基部向先端逐渐开放，这种花序被称为总状花序。紫藤花序下垂，小花呈紫色、粉色或白色，花瓣基部有爪。5枚花瓣构成的蝶形花冠十分美丽。紫藤的果实为密被白色绒毛的荚果，像一只吹胀了的扁豆，成熟后里面有扁圆的带黑色花纹的种子。果实在藤条上经冬不落，春季荚果开裂，种子落地。

紫藤原产自我国，现多用于庭院观赏，但用紫藤做下酒菜是要小心的，因为现代医学发现紫藤有微毒，还是不要轻易食用的好。

青岛的紫藤老树

青岛市沂水路11号院内有一株80多年树龄、一搂多粗的大紫藤，攀缠于20多米高的银杏树上。暮春时节，正是紫藤吐艳之时，但见一串串硕大的紫红绒球花穗垂挂枝头，紫中带蓝，灿若云霞，灰褐色的枝蔓如龙蛇般蜿蜒。这是一株复瓣紫藤，是多花紫藤（日本紫藤）的园艺变种，在1925～1937年间由英国人自欧洲引入青岛，栽于当时的英国领事馆庭院中。

绿化墙面 爬山虎

NO. 95

偶遇地：_____
___年___月___日

爬山虎为葡萄科爬山虎属落叶木质藤本植物，又名捆石龙、趴山虎。其叶互生，叶柄细长，叶缘有锯齿；聚伞花序，小花呈浅绿色，浆果呈紫黑色。爬山虎可作为装饰植物，栽植于建筑物外墙、假山及边坡；其根、茎可入药，果可酿酒。

爬山虎在山里爬山，在城市爬墙，因此叫它爬山虎或者爬墙虎的都有，但见过山里的"爬山虎"的人不多，见过"爬墙虎"的人应该很多。它生长迅速，一爬就是一墙，甚至一幢楼房。遮盖了墙面的爬山虎，往往看不见藤，只见一墙的绿叶。

爬山虎为多年生大型落叶木质藤本植物，其形态与野葡萄藤相似。爬山虎枝条粗壮，老枝呈灰褐色，幼枝呈紫红色。它夏季开花，花小呈黄绿色，浆果呈小球形，熟时呈蓝黑色，与叶对生。

爬山虎适应性强，喜阴湿环境，但不怕强光、耐寒、耐旱、耐贫瘠，对土壤要求不高，在阴湿环境或向阳处，均能茁壮生长。爬山虎的枝条上有卷须，卷须顶端及尖端有黏性吸盘，遇到物体便会吸附在上面，无论是岩石、墙壁或是树木，均能牢牢吸附。

爬山虎的茎叶密集，覆盖在房屋墙面上，

不但可以遮挡强烈的阳光,还可以降低室内温度。用它作为屏障,既能减少环境中的噪音,又能吸附飞扬的尘土。爬山虎的卷须式吸盘还能吸去墙上的水分,有助于使潮湿的房屋变得干爽;在干燥的季节,又可以增加湿度。爬山虎在现代绿化中已得到广泛应用,尤其在立体绿化中发挥着举足轻重的作用。

叶圣陶笔下的爬山虎

叶圣陶先生的《爬山虎的脚》已被收入小学课本,文中说"引人注意的是长大了的叶子。那些叶子绿得那么新鲜,看着非常舒服。叶尖儿一顺儿朝下……一阵风拂过,一墙的叶子就漾起波纹,好看得很"。相信这也是许多人对爬山虎的印象吧。爬山虎春天新生的叶子为紫红色,夏天为绿色,秋天变黄变红,有了一墙的爬山虎,就有了一墙变幻的色彩。冬天,爬山虎叶子落尽,留下一墙的小脚印和沧桑的藤,别有风味。

环保的绿化植物
常春藤

NO.96

偶遇地：
___年___月___日

常春藤为五加科常春藤属多年生常绿攀援藤本，茎棕色，有气生根。其单叶互生；伞形花序顶生，花呈黄白色或淡绿白色；果实圆球形；花期在9~11月，果期在翌年3~5月。

美国作家欧·亨利的作品《最后一片叶子》中描写了一位在社会底层挣扎了一辈子的老画家，为让穷画家琼西重拾对生命的希望，用自己的生命画出秋季寒风中最后一片永不凋零的叶子的故事。这位老画家所画的那片叶子就是常春藤的叶片。

很多人对常青藤的印象就是它爬满了欧洲的古堡。实际上，常春藤分为中华常春藤和欧洲常春藤两种。中华常春藤又称多枝常春藤、尼泊尔常春藤，与欧洲常春藤的主要区别在于它的小枝上有鳞片状毛，叶片小。常春藤的观赏品种有金边、银边、斑叶等，与爬满城堡的欧洲亲戚不同，中华常春藤常攀援于林缘树木、林下路旁、岩石和房屋墙壁上，庭园中也常栽培。而欧洲常春藤观赏品种要比中华常春藤多一些，叶形变化也更为丰富。欧洲常春藤在青岛主要用盆栽于室内观赏。

欧洲常春藤除观赏之外，还有一个重要的用途就是酿制啤酒。在人们发明使用啤酒花之前，曾经使用常春藤的茎叶混在麦芽汁中，使啤酒澄清并增加苦味。

常春藤极耐阴，也能在光照充足之处生长。有一定耐寒能力，在青岛地区可以露地越冬。它对土壤要求不高，但喜肥沃疏松的土壤。所以我们经常在绿地里见到常春藤的身影。由于常春藤需水量和管理比草坪要容易得多，因此它越来越多地被用来代替草坪，是一种更加环保的绿化植物。

除观赏外，常春藤的根、茎可入药，茎、叶可提取栲胶。

青岛最大的常春藤

青岛中山公园会前村遗址东南角的长廊上，攀爬着一株主藤有碗口粗的常春藤，这应该是青岛地区树龄最大的常春藤了。

虬曲多姿
凌霄

NO.97

偶遇地：
＿＿年＿月＿日

凌霄为紫葳科凌霄属攀援藤本，茎木质，表皮脱落，枯褐色，以气生根攀附于它物之上。其叶对生，为奇数羽状复叶，小叶7~9枚，边缘有粗锯齿；顶生疏散的短圆锥花序，花萼为钟状，花冠内面呈鲜红色，外面呈橙黄色，花期在5~8月；蒴果细长。

初见凌霄花，是在动物园的一处花架上，那带有细细锯齿的深翠色的叶子，给人以踏实的葱郁感。尤其是那绽放在绿叶间、垂挂在花架上的一簇簇盛开的凌霄花，近看像一串串橘红色的小喇叭三五成群地聚在一起，远看像挂在花架上的风铃，缀于藤端，摇曳在风中。

凌霄产于中国和日本，喜温湿环境，在我国南方多见，青岛地区露天种植的多为厚萼凌霄，又名美国凌霄，因为这个品种耐寒性较好。两

种凌霄的叶片都为奇数羽状复叶，区别在于：厚萼凌霄小叶较多，多为9~11枚，甚至13枚，叶背中脉有明显的白色短柔毛；凌霄小叶多为7~9枚，且叶背无毛。另外，凌霄花萼呈黄绿色，分裂至中部；厚萼凌霄花萼呈橙红色，裂片较浅，约至花萼的三分之一处。

厚萼凌霄因为花蜜多且有花外蜜腺，所以花序及整个植株上有很多的蚂蚁。常有不知情的人凑近凌霄花欣赏时，猛然发现有如此多的蚂蚁，立即退避三舍，敬而远之。

凌霄喜充足阳光，适应性较强，耐寒、耐旱、耐瘠薄，病虫害较少，忌积涝、湿热，一般不需要多浇水。并且，凌霄较耐水湿，有一定的耐盐碱能力。

凌霄干枝虬曲多姿，翠叶团团如盖，花大色艳，花期很长，可用于庭园中棚架、花门的绿化；用于攀援墙垣、枯树、石壁，均极适宜；点缀于假山间隙，繁花艳彩，更觉动人；经修剪、整枝等，可呈灌木状。它的管理粗放、适应性强，是理想的城市垂直绿化植物。

汉柏上长出凌霄

凌霄是原产自我国的古老物种，在《诗经》中就有记载，时称陵苕，"苕之华，芸其贵矣"说的就是凌霄。《本草纲目》载："俗谓赤艳曰紫葳，此花赤艳，故名。附木而上，高数丈，故曰凌霄。"所以，在我国有很多凌霄的古树，如崂山太清宫内有汉柏一株，树龄2000多年，此树身上攀有一株凌霄，直达柏树顶端，藤叶茂盛，年年开花。

清热解毒
金银花

NO.98

偶遇地：
___年___月___日

金银花为忍冬科忍冬属落叶藤本。它小枝呈褐色、细长、中空；纸质卵形叶子对生，总花梗生于小枝上部叶腋。其花冠呈白色，后变黄色；唇形，上唇裂片顶端钝形，下唇带状而反曲；花蕊高出花冠，有清香。金银花的果实呈圆形，熟时呈蓝黑色，有光泽。其花期在4~6月（秋季亦有开花者），果熟期在10~11月。

　　金银花，又名忍冬，每当初夏来临，这种蔓藤攀爬植物便会在岛城的墙头、篱垣开出黄白两色的鲜花，清香扑鼻。金银花初开为白色，洁白轻巧，绿色的柱头如翡翠小玉般温泽，五根细长的雄蕊非常骄傲地接受着阳光。几日后，金银花颜色变黄，如图中湿了雨的黄色金银花薄弱

的花瓣显得娇弱透明，不免让人顿生怜爱之心。

金银花的名字出自《本草纲目》："一蒂两花二瓣，一大一小，如半边状。长蕊。花初开者，蕊瓣俱色白；经二三日，则色变黄。新旧相参，黄白相映，故呼金银花。"又因金银花一蒂二花且花开一起，又相伴凋落，所以古人又称其为"鸳鸯藤"。因其凌冬不凋，也称为"忍冬"。

金银花在我国已有2200多年栽植史。早在秦汉时期的中药学专著《神农本草经》中就对忍冬有记载，称其"凌冬不凋"；金代诗人段克己诗曰："有藤名鹭鸶，天生非人育，金花间银蕊，翠蔓自成簇。"

金银花不仅是观赏植物，还是一味好药。它味甘性寒，有清热解毒、疏散风热的功效。我们的古人已经发现，金银花能解菌毒。

金银花还是著名的庭院花卉，花叶俱美，常绿不凋，适用于篱垣、阳台、绿廊、花架、凉棚等处的垂直绿化。

解毒功效强大

宋代张邦基的《墨庄漫录》中记载：崇宁年间，平江府天平山白云寺的几位僧人从山上采回一篮野蕈煮食，不料野蕈有毒，僧人们饱餐之后便开始上吐下泻。其中3位僧人由于及时服用鲜品金银花而平安无事，但另外几人没有及时服用金银花则全都枉死黄泉。可见，金银花的解毒功效非同一般。

我国民间自古以来就有这样一个习惯：在炎夏到来之际，给儿童喝几次金银花茶，可以预防夏季热疖的发生；在盛夏酷暑之际，人们喝金银花茶又能预防中暑、肠炎、痢疾等症。

第五章
被子植物—草本

草本植物 是指具有木质部不甚发达的草质或肉质的茎，其地上部分大都于当年枯萎的植物体。按草本植物生活周期的长短，可分为一年生、二年生或多年生草本植物。多数草本植物在生长季节终了时，其整体部分会死亡，如水稻、萝卜等。多年生草本植物的地上部分每年死去，而地下部分的根、根状茎及鳞茎等能存活多年，如天竺葵等。

不媚世俗

菊花

NO.99

偶遇地：
___年___月___日

菊花是菊科菊属多年生草本植物，与梅、兰、竹并称为"四君子"，也是"中国十大名花"之一。菊花茎直立；单叶互生，呈卵圆至长圆形；头状花序顶生或腋生，花朵大小不一，颜色各异。

我们看到的菊花并不是一朵花，而是一个"头状花序"。它是很多紧紧抱在一起的圆形小花的集合。在菊花的花序上一般有两种花：管状花和舌状花。这些小花的花瓣有序地排列，使得菊花像一朵大花，惹人喜爱。这些小花的花瓣或细长或弯曲，使得菊花的花形千姿百态。

菊花是世界上最早被栽培的植物之一。在1600余年的漫长的栽培和育种过程中，菊花形成了众多的变种。所以菊花所在的菊科也是植物

界分类中的"大科"之一，种类繁多。

其中切花菊便是世界四大切花之一，产量居四大切花之首，具有花型多样、色彩丰富、用途广泛、耐运耐贮、瓶插寿命长、繁殖栽培容易、能全年供应、成本低、高产出等优点。经过多年的研究与发展，我国的切花菊产业也迅速壮大，种植面积和产量迅速增长。国内切花菊生产技术达到了可全年供应的水平。青岛与海南、上海、广州、大连等沿海地区已经成为切花菊出口生产基地。

菊花有悠久的历史、深厚的文化底蕴。它在中国百姓的心目中代表着丰收富裕、健康长寿和团圆吉祥；在文人墨客的笔下是高风亮节、不媚世俗的象征。

另外，菊花具有极高的药用价值，是一种常用的中药，有养肝明目、清心、补肾、健脾和胃、润喉、生津以及调整血脂等功效。菊花春暖去湿，夏暑解渴，秋日解燥，冬季清火。此外，菊花还可以用来填充枕头作保健品，或加工成菊花茶、菊花粥、菊花糕。

两国的国花——矢车菊

矢车菊，在德国的山坡、田野、水畔、路边、房前屋后到处都有它的踪迹。它象征着日耳曼民族爱国、乐观、顽强、俭朴的品格，被奉为德国国花。此外，它也是马其顿的国花。

矢车菊的花语是：幸福。

NO. 100

花之君子

荷花

偶遇地：
___年__月__日

荷花为睡莲科莲属水生多年生草本植物，地下茎长而肥厚，有长节，叶是盾圆形。它的花期在6至8月，花单生于花梗顶端，花瓣多片，花色丰富。其坚果呈椭圆形，种子呈卵形。

"接天莲叶无穷碧，映日荷花别样红"中的莲和荷是一种植物吗？答案是肯定的。莲花，睡莲科莲属，别名：荷花、芙蓉、芙蕖、荷。它花大鲜艳，品种繁多，是我国著名的园林观赏花卉及经济植物，适宜水景绿化美化。

荷花是多年生水生草本植物。它的根部就是我们常吃的蔬菜——藕。莲藕横走泥中，外皮呈黄白色，节部内缩，节间膨大；内部呈白色，中空并且有多条纵向空管。荷叶叶片为圆形，直径达25~90厘米，高出水面，像一把撑开的伞，边缘没有锯齿，叶柄有刺。荷花单生在花梗顶端，花瓣多片，有单瓣、复瓣、重瓣等花型，并有红色、粉红色、白色多种颜色，有芳香。荷花一般于6~8月开花，每日晨开暮闭。果实嵌在海绵质的花托上，人们常叫它"莲蓬"。莲蓬内海绵质的花托形状像一只碗，直径5~10厘米，有小孔20~30个，每孔内含1枚椭圆形或者圆形果实，我们叫它"莲子"，于9~10月成熟。

有人常常说分不清莲花和荷花，实际上是把莲花和睡莲混淆了，而莲花即是荷花。莲花和睡莲都是睡莲科，但是"莲花"属于莲属，"睡莲"属于睡莲属。莲花与睡莲的区别在于：莲花的叶片没有分岔，挺出水面，这一类植物叫作"挺水植物"；而睡莲的叶片有分岔，浮在水面，这一类植物叫作"浮水植物"。且睡莲不结莲蓬，种类及花色繁多，更有白天及夜间开花的不同种类，多用于切花及水池美化。

莲花在文学作品中多被称为荷花，象征清白、坚贞、纯洁。在画家的笔下也经常被描绘，寓意和和美美的人际关系或高洁的心态。许多城市的景点中也都能找到莲花的影子：泉城济南的大明湖有"四面荷花三面柳，一城山色半城湖"的美誉；杭州的"西湖十景"中有"曲院风荷"；青岛中山公园的小西湖种植了成片的莲花，每年盛夏都是市民休闲的好去处。

莲花可以食用，它的全株也可入药，每一个部位皆有其特殊功能。其花、根茎（藕）可以作为蔬菜食用；莲子可以用糖来煮做成糖莲子或莲子汤，也可以加在糕饼里，如中秋月饼中用的莲蓉算是上品；其叶可以代茶，是著名美食"叫花鸡"的重要原材料；用鲜莲叶或干莲叶蒸出来的饭有特别的荷叶清香，被称为"荷叶饭"，是南方的名吃。

莲花在我国分布很广，大江南北的湖泊、池塘、水田都常常看到它的影子，在印度、伊朗及大洋洲也有分布。

青岛也有"孙文莲"

1918年，孙中山先生东渡日本，带去了九颗辽东半岛普兰店出土的莲子。后经过精心培育，古莲子培植成功。这批莲子种出的荷花被命名为"孙文莲"，目前在中山公园就有栽种。